bon temps　風格生活╳美好時光

請用，西班牙海鮮飯

66道大廚家常菜，從肉類到海鮮，從米飯‧麵包到馬鈴薯‧橄欖油，
從湯品‧甜點到飲料，西班牙料理精髓完全掌握，一學就會！

作　　　者	陳璸（Juan Manuel Rial Paz）&陳喬
主　　編	曹　慧
美術設計	比比司設計工作室
社　　長	郭重興
發行人兼 出版總監	曾大福
總　編　輯	曹　慧
編輯出版	奇光出版
	E-mail: lumieres@bookrep.com.tw
	部落格：http://lumieresino.pixnet.net/blog
	粉絲團：https://www.facebook.com/lumierespublishing
發　　行	遠足文化事業股份有限公司
	http://www.bookrep.com.tw
	23141新北市新店區民權路108-4號8樓
	客服專線：0800-221029　傳真：（02）86671065
	郵撥帳號：19504465　戶名：遠足文化事業股份有限公司
法律顧問	華洋法律事務所　蘇文生律師
印　　製	成陽印刷股份有限公司
初版一刷	2016年5月
定　　價	360元

國家圖書館出版品預行編目（CIP）資料

請用，西班牙海鮮飯：66道大廚家常菜，從肉類到海鮮，
從米飯‧麵包到馬鈴薯‧橄欖油，從湯品‧甜點到飲
料，西班牙料理精髓完全掌握，一學就會！ / 陳璸（Juan
Manuel Rial Paz），陳喬著. -- 初版. -- 新北市：奇光出
版：遠足文化發行，2016.05
　　面；　公分
ISBN 978-986-92761-2-2(平裝)

1.烹飪 2.食譜 3.西班牙

427.12　　　　　　　　　　　　　　　105003686

線上讀者回函

請用，
西班牙海鮮飯

陳璜 & 陳喬
Juan Manuel Rial Paz 著

Paella Española,
Comida casera de manos
de un chef Español!

西班牙美食，不只海鮮飯

王儷瑾

西班牙中文官方導遊

暢銷書《巴塞隆納，不只高第》&《西班牙，再發現》作者

西班牙自古就很重視各式專業，早在中世紀前期，工匠們為了慶祝所屬行業的主保聖人的節慶，成立了工會組織，漸漸形成獲得政府正式認可的行會機構，要從事某種行業，就要先加入其同業工會，先從階級最低的學徒做起，在工坊裡跟大師住個三到六年，算是一邊學一邊做的無薪勞工，等到學徒熬出頭，通過考試，就是領薪水的工匠了，而等到通過更艱深的考驗之後，就成為大師，可以自己開工坊，收學徒。

在中世紀的西班牙，每個同業工會都有集會的場所和組織規章，訂定會費、工作技術、使用的道具、製造和銷售的標準，以控制價格、監管工藝、檢驗產品、職業訓練等。以巴塞隆納為例，同樣的行業幾乎都集中在同一條街上，巴塞隆納的老城區至今仍保留很多中世紀的「同業工會街道名」，例如：Carrer de la Vidriería（玻璃器皿街）、Carrer de la Fusteria（木匠街）、Carrer de la Espadería（刀劍匠街）、Carrer de l'Argenteria（銀匠街）等。

現在，雖然同業公會的影響已沒有那麼大，但是，大家還是相當重視專業。

幾年前，我跟前商周記者盧怡安去採訪西班牙甜點大師Christian Escribà，他出生於甜點世家，外公Étienne Tholoniat曾是法國最有名的甜點師傅，受封為「糖的國王」（le roi du sucre），他父親Antoni Escribà曾是加泰隆尼亞地區最棒的巧克力師父，又稱為「巧克力的魔術師」（el mago del chocolate），雖然他從小就在父親的甜點店長大，他父親卻認為這樣耳濡目染的學習還不夠，長大之後，送他去巴黎、維也納的甜點店，從打掃的小弟開始做起，從基礎到深入，歷經十年，最後他父親才讓他回到自家店裡，慢慢接手家裡的百年甜點店。Christian Escribà說，甜點不只是技術，而是職人手藝，甜點師傅不只是個職業，而是個專業，需要時間和經驗，需要全面的了解和熱情，需要嚴謹的工作和認真的態度，上個半年、一年的甜點班是無法成為甜點大師的。

　　這就是專業和業餘之別，也就是這本食譜的特別之處，由西班牙土生土長、經過專業廚師訓練的主廚陳璜口述並實作示範，再由他的台灣媳婦陳喬翻譯、撰寫，堪稱是坊間第一本原汁原味呈現道地西班牙飲食的中文食譜。

我是天生吃貨，小時候是道地的台灣胃，喜歡道地的台灣小吃，十幾歲到西班牙，開始接觸到西班牙美食，這二十幾年下來，胃口漸漸中西合併，還深深愛上甜點。因為工作的關係，我吃遍西班牙南北不同的美食，其中有傳統美食，也有創意美食，我吃過的米其林星星加起來也有二、三十顆，而且，因為工作的關係，我還認識不少西班牙美食界的主廚和甜點界的大師，雖然自己下廚做菜的時間不多，但是，可以說是貪吃自學的刁嘴美食家，如果不是天然酵母發酵的手工麵包不吃，如果是普通餐酒（table wine）不喝⋯⋯

而西餐吃多了，偶爾也要安撫一下我的台灣胃，就因為這樣，我認識了住在西班牙加利西亞地區的台灣廚娘陳喬。她嫁給擁有好廚藝的西班牙專業主廚陳璜，她自己也深愛烹飪，因為我平時很忙，沒有時間自己動手做台灣小吃，所以從幾年前就開始跟陳喬買台式包子、台式肉圓、甜不辣、貢丸等。

當我知道陳喬和她老公將出一本西班牙傳統家庭食譜的時候，非常高興。畢竟，中文的西班牙美食資料非常少，而且錯誤一堆，因為語言的隔閡和中西文化習慣的不同，在西班牙短期住個幾年的東方人實在無法真正融入西班牙生活，更別說深入西班牙的飲食文化。而且，就算吃遍西班牙如我，還是只懂得吃，不懂

得其中的烹調技巧、廚師祕訣，另外，就算在西班牙上過短短幾個月的烹飪課程，也因為語言的隔閡和課程時間的短暫，根本無法真正了解西班牙烹調技巧的精髓，更無法達到專業西班牙廚師的水準。

因此，我迫不及待地想看看這本食譜。

不過，沒人提醒我，要先吃飽再看稿，結果，我越看越餓，因為陳喬把烹調步驟的照片都附上，再加上每道菜的成品照片，讓人垂涎三尺，草稿還沒看完，就已經餓得受不了，只好先去吃一頓才能繼續看下去，想不到，吃飽後不到兩個小時，那些美食照片又勾起我的食欲，結果我的一天就在看稿、飢餓、吃東西、看稿、飢餓、吃東西之間度過。

看完這本食譜之後，真心替中文讀者高興，因為經由這本深入淺出的西班牙食譜，大家不但能在家嘗試做幾道西班牙道地的家常菜，還可以對西班牙的飲食習慣有點大概的了解，西班牙不再是遠在天邊的國家，西班牙美食也不再只是大家印象中的海鮮飯而已。

希望大家也能跟我一樣喜歡這本好食譜！

PART 1 ｜ 麵包 PAN

PART 2 | 馬鈴薯 Patatas

PART 3 | 橄欖和橄欖油 Aceitunas y Aceite de Oliva

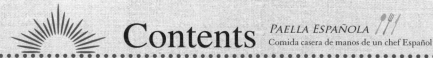

Contents
PAELLA ESPAÑOLA
Comida casera de manos de un chef Español

PART 5 | 米 ARROZ

PART 6 | 海鮮 MARISCO

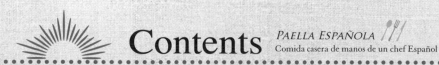

Contents

PAELLA ESPAÑOLA
Comida casera de manos de un chef Español

PART 7 │ 肉 CARNE

PART 8 | 甜點 POSTRE

PART 9 | 飲料 BEBIDA

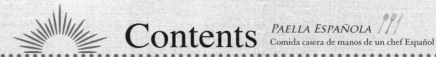

Contents

PAELLA ESPAÑOLA
Comida casera de manos de un chef Español

好擠！一個廚房，兩個吃貨

熟和不熟的朋友常常不約而同私下問我：「跟西班牙人結婚的感覺是什麼？」、「跟西班牙人結婚好不好？」還有朋友問：「因為語言差異，溝通有困難，會不會很常吵架？」

我和大多數移居國外的台灣太太都有共同的想法：跟自己人講國語都不見得講得通，跟外國人相處也差不了多少。不管對象是誰，吵架時難免偶爾會想大吼：「哎唷！你不懂我的明白啊！」其實我們在生活中，並不會特別察覺到另一半是外國人。我看著大廚，他就是一個真誠相待、真心喜愛的人而已。我在西班牙才是老外，平常適應異國文化就夠忙的，日子過得去就可以了。坦白說，文化差異反而還是解決衝突很好的藉口，兩手一攤表示我們什麼都不知道，反而就這樣頭過身就過，打混過去就好啦。

轉眼間，我們就在大啖美食的過程中走了四年的婚姻生活，大部分美好的時光是我們兩個待在廚房大煮特煮，一邊談天說笑這樣走過來的。我數不清楚到底有多少次，我們各執筆電，用盡腦袋裡學過的西班牙文、英文、法文、日文單字，就是希望對方了解食譜和烹煮原理。也有過那種不開心的時候：我們主辦日本美食活動，在廚房的出菜櫃檯擠得水洩不通，差點理智斷線拿鍋鏟敲對方屁股。然後還有幾天，我到大廚的餐廳幫忙做尾牙宴，我甩著平底鍋做了一片又一片可麗餅，再去油炸鍋瀝出一鍋又一鍋馬鈴薯片，而他從快比我高的鍋子撈出堆積如山的大塊肉，又要去冰櫃不停翻找食材，我們整天沒有交談的機會卻感謝老天爺，做夢沒想到我們在廚房能找到彼此，如此有默契。

是啊！我們整天都在討論食物和食材，走遍大城小鎮的傳統市場發瘋似的找一攤賣鵝蛋的，最後在小巷子裡的骨董家具修復店的櫥窗看見那籃朝思暮想的鵝蛋。交往後我開始做台灣菜給人廚吃，接著是日本菜、韓國菜和美國菜，一天兩道。剛開始，大廚雖然樂於嘗試，但是總用狐疑的眼神看我，他最常說的是：「這跟我在中國餐廳看到的不一樣！」然後吃進嘴裡，換我得意地看著他臉上綻放光芒。「喔！原來是這樣啊！」原來他在電視和日本漫畫裡看到的菜色竟然是這樣的味道啊。

　　因為我們不是住在主要城市，要吃什麼都沒得買。有時候早上想啃塗滿奶油起司的藍梅貝果、吃一片沾滿番茄醬的薯餅配杯玉米濃湯都找不到，中午要吃碗餛飩麵或三寶飯也非得親自下廚不可。也是因為這樣，我家的餐桌充滿各式各樣的菜色，大廚每天笑瞇瞇地問等一下要吃什麼，我們馬上開始研究食譜。

　　回顧種種生活點滴讓我心頭一震，當年怎麼敢莫名其妙展開這段姻緣。我想是因為我到了適婚年齡，個性害羞加上語言不流利，不敢和塞維亞當地男性展開友誼關係。在留學生大力鼓勵下（或者說起鬨？），我付費參加了言明「尋找認真關係」的交友網站，我要感謝馬小姐幫我出了一半費用，算是間接的媒人啊。

　　某天，我逛著網站，點擊到一張超級普通的照片，有點暗且沒有修圖，就是個穿著西裝在浴室自拍的男生。不過他寫的自我介紹好長，我看了好久。他的職

業是廚師，還蠻酷的。我正好有想法去讀廚藝學校，如果連絡上的話，或許還可以得到很多相關訊息。然後看見他沒有付費，我內心暗想可能也是沒有下文，那就留e-mail，隨緣吧。

卻也因為這樣，我們開始通信。過了兩個月，我對這個看似不起眼的男生有些片面的了解，互相寄送小禮物，還相約在聖誕節前夕見面。同時發現他住在北部，一個號稱世界盡頭的小島，而我在南部大城念語言，想見面就要搭飛機或花上15小時的車程。他原本計畫趁著假期去日本闖一闖，臨時取消了機票就直接開車穿越葡萄牙邊界來塞維亞找我。見面的時候，我問他幹嘛開車來？我可以去機場接他啊。他笑著亮出兩大袋淡菜和海蛤要煮給我吃，我（太久沒吃到海鮮）就被食物收買了。

短短相處幾天後，我們找到愛吃、貪吃、好吃的另一半，決定不辦婚禮火速公證結婚。我也就這樣一頭栽進加利西亞自治區的小漁村，和有愛的公公婆婆和一個龐大家族相處，後來還跟那個不修照片的大廚生了兩個小廚師，從早到晚吃得飽飽的，日子著實過得還不賴。

婚後過了將近四年的時間，我們很榮幸得到出版這本西班牙食譜的機會。書中收錄的食譜都是大廚以前念廚藝學校、在餐廳工作十餘年的經驗和家庭傳承的

廚藝精華，有些依照傳統的作法，有些則經過大廚的改良，把口感提升成符合現代人的喜好，做法也改得更簡便也更家常，在家就可以做出道地西班牙菜。所有的菜色，我們在家裡的廚房實際演練並且記錄各個步驟，努力寫下料理小訣竅和相關飲食生活的小細節，期盼讀者可以感受到我們的用心。

最後，我要感謝我的父母、姑姑和叔叔，他們支持我離開台灣，才能體驗這異國的生活。還有我的哥哥，從小我們彼此友愛，我在西班牙遇到困難會馬上用網路向他求救，每次都有求必應。也感謝嫂嫂，在我回台期間都熱情款待。感謝我的親戚們，在臉書上關心我的動態，跟我互動，讓我在寒冷孤寂的小島感受無限溫暖。

還有，我要感謝在西班牙認識的台灣朋友，馬小姐、西西姊、+7姊、周柚子、巴布羅院長和蕭芬姊，還有很多在西班牙同鄉會認識的朋友，這五年過得如此充實愉快，一切都是大家給予我的。

感謝大廚教導我各方面的廚藝知識，也感謝公公婆婆對我和一雙寶貝兒子無微不至的照顧，就跟我的父母一樣愛我。

最後感謝本書的重要推手，王儷瑾和奇光出版社，他們一直鼓勵我們把西班牙的飲食文化寫出來，還給予指導和幫助，由衷感謝！

前言

吃遍西班牙美食一定有風險，
體重胃口有增無減，
出發前應詳閱公開說明書

這是一本融合實用與生活經驗的飲食書，介紹西班牙傳統佳餚、家常菜、宴客菜和甜點飲料，藉由一道道食譜告訴大家西班牙的飲食習慣。西班牙北中南部的調理方式各有差異，每個城市都有各自的獨特料理，雖然一本書無法道盡所有美食風味，我們盡可能挑選出66道好做又常見的菜色。

　　本書包含食譜步驟解說和詳細圖解、烹飪小技巧和日常飲食介紹。大家可以在家自煮宴客，體驗西班牙風情。來旅遊觀光或留學念書的朋友，能夠輕鬆學會如何在餐廳點菜、在市場買食材，就像西班牙人一樣吃點這個、喝點那個，悠閒自在過生活。

　　當年我抵達西班牙，最衝擊的事情大概是西班牙人一天可以吃五餐，而且吃飯的時間和台灣完全不一樣，吃飯的順序也恰恰相反。台灣人說「早餐吃得好，中午吃得飽，晚餐吃得少」，大多數西班牙人卻反其道而行。晚上11、12點，我聽到隔壁鄰居開始打蛋的聲音，覺得很有趣，再仔細聽，又有爆香的油爆聲，推測應該是做晚餐。本來以為是鄰居比較晚下班，後來詢問朋友才知道，他們的作息是早上10點早餐，中午12點吃點心，下午1點到3點吃午餐，晚上8點吃點心，10點以後吃晚餐，接著凌晨1點到2點就寢。我內心暗想，這樣的生活型態對忙碌的台灣人來說真是另外一個世界。

　　早上我想找間早餐店遍尋不著，因為西班牙上班族通常只在咖啡廳喝杯咖啡，吃塊小到不行的酥皮點心就當作早餐；學生在家喝溫牛奶泡餅乾或是穀片。上班上學的時間約9點開始，午餐以前會有一段點心時間，可以離開辦公室去喝第

上　右邊的烤蝦串和右上的炸蝦串，通常稱為Pinchos。
左　西班牙人喜歡把醃漬品或小份量食物放在麵包上一起吃，稱為Montaditos。
右　現在Tapas小酒館很流行迷你漢堡，其實菜單上不會特別分Montaditos或Pinchos，都是混搭風。

二杯咖啡。下午2點到3點，外出午餐到5點；學生則回家吃午餐。下午5點到傍晚8點，又要繼續上班；學生回到學校進行課輔活動。回家的路上會去找朋友喝點飲料，點小盤的食物裹腹，於是乎，晚餐就這樣延後到10點了。

　　從上述時間表可知，晚餐時段，大部分的餐廳都是8點半以後才開門營業，而且不是一點完菜就會出菜，瓦斯爐可能都還沒打開，廚師還在備料，通常9點、9點半以後上門用餐比較保險。

最眾所周知的西班牙菜應該就是小菜點心的Tapas和Montaditos。西班牙中部和南部有很多專門做Tapas的小酒館和Montaditos連鎖店，喝飲料時也點很多盤小菜來搭配。北部則較少見，大多是餐廳，因為北部人吃的小菜點心Pinchos是在酒吧或餐廳的前廳，客人點酒就送一小盤免費食物，點越多杯酒就得到越多份免費小菜。

Tapas、Montaditos和Pinchos都是下酒菜，不同之處在於Tapas是指小份量的食物，Montaditos是把小份量的食物放在切片麵包上，而Pinchos則是用小竹籤串起食物，都是方便大家一邊喝飲料一邊吃的小菜。

另外一提，在南部吃正餐的餐廳，菜單上會分Tapa、Media ración和Ración，分別是小份量、半盤和一整份，可以依照人數不同來選擇食物的大小。但是並非每道菜都可以選擇小份量，像是煎牛排、炸豬排或是炸肉捲等菜色都是點Ración。

說到南部的餐廳，我突然想到一件有趣的事，那就是炸物店。一間只賣炸物和醃橄欖的店在南部很常見，通常賣炸蝦、炸小魚、炸魚塊、炸魚卵、炸西班牙可樂餅、炸薯片（卻沒有炸雞和炸蔬菜，殘念！）。不像台灣鹽酥雞攤可以點鹽酥雞一份、炸地瓜一份，這裡則是要秤重量，分別是250克、500克和1公斤。初到西班牙對重量不是很清楚的話，一個人點250克炸魚就算蠻大一盤，最少兩個人一起享用才不會吃到膩。

再來提到秤重量的店，還有Churros（炸西班牙油條）攤、麵包店和傳統甜點店。有些Churros攤是算重量，有些是算6根、12根；在觀光地區則是一人份4根到6根不等。有些種類的麵包是用公斤來算，客人選中某個麵包或某塊餡餅，店員會秤重來算價錢，通常是800克、1公斤等等，像是烤窯的大麵包、Rosca（西班牙傳統甜麵包，見1-2）。甜點類像是小顆的泡芙、小酥皮點心和蜜汁八角麻花（Pestiño）等等，通常也可以用250克、500克和1公斤來計算價錢。

說完外食，大廚想說說下廚的部分，我們大致整理出肉品部位和調理方式的中西文對照，供各位讀者參考。

牛肉：較年輕的牛Tenera｜閹割過的公牛Buey｜沒閹割過的公牛Toro｜母牛Vaca

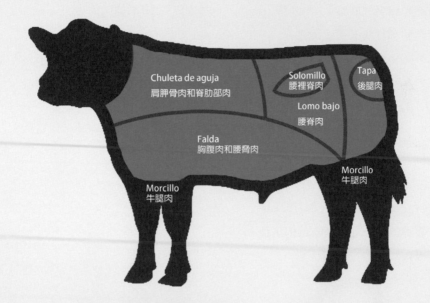

- ◆ **熟成牛肉Carne madurada**：肉販會把油脂包住肉的部位放在恆溫的冰箱幾天，鬆弛過後成為熟成牛肉，風味比較濃郁，通常做煎牛排。
- ◆ **整條背部的肉Chuletero de ternera**：脊肉分前段和後段，分別為肩胛骨肉和脊肋部肉Chuleta de aguja（Lomo alto）和台灣常見的牛小排；還有腰脊肉Lomo bajo，包含牛腩肉。

- **腰里肌肉Solomillo**：是腰脊肉裡最軟嫩的肉，又稱菲力，價位較高。可以做煎肉片、進烤箱烤、做肉捲等多用途。
- **丁骨牛排Chuleta con solomillo**：一邊是菲力牛排，一邊是前脊肉。一般做煎牛排。
- **後腿肉Tapa**：瘦肉最多的部位，肉質較乾澀。切片做牛排、整塊肉做烤牛肉、切小塊做燉肉。
- **胸腹肉和腰脊肉Falda**：牛肋排Costilla，包含軟骨，用來做烤肉（Churrasco）、腰脊肉切薄片或敲薄做肉捲。
- **牛腿肉Morcillo**：通常帶骨，切厚片做燉肉類。裡面有一條牛腱肉，台灣滷牛腱會用到，西文是Jarrete。

羊肉：通常肉販將羊分成三個區塊來賣，因為羊的體積比較小。

- **整隻前腿Paletilla**：進烤箱做烤羊腿。
- **肋排Chuleta**：做煎羊小排用。
- **整隻後腿Paleta**：進烤箱做烤羊腿。

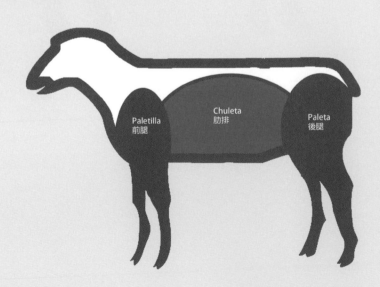

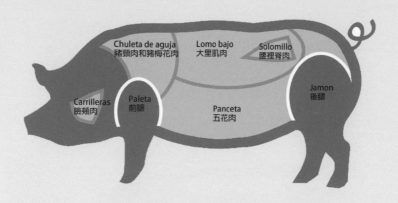

豬肉

- ◆ 臉頰肉Carrilleras，也是台灣麵攤小菜的菊花肉、霜降肉：切塊做燉肉。
- ◆ 整條背部的肉Chuletero de cerdo，分別為豬頸肉和豬梅花肉Chuleta de aguja（Lomo alto）、大里肌肉Lomo bajo：兩種肉在超市冷藏櫃都有切片盒裝可以買，豬梅花肉帶骨、大里肌肉分兩種，帶骨跟不帶骨。整條背肉通常做煎肉排。
- ◆ 腰里肌肉Solomillo：切片煎肉片。
- ◆ 五花肉Panceta：燉肉、煎肉片、烤肉、做香腸臘腸、培根等等，用途廣泛。
- ◆ 整隻前腿Paleta：整隻前腿進烤箱烤。
- ◆ 整隻後腿Jamón

雞肉

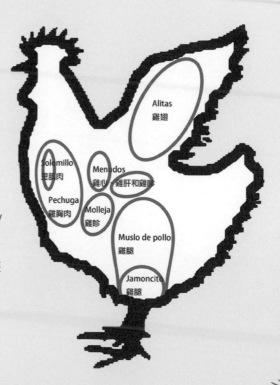

- ◆ 全雞Pollo entero：進烤箱、對切做烤肉。
- ◆ 雞胸肉Pechuga：煎肉排。
- ◆ 里肌肉Solomillo：煎肉排。
- ◆ 雞翅Alitas：烤雞翅、炸雞翅。
- ◆ 整隻雞腿Muslo de pollo/Cuarto trasero/Zanco：進烤箱、切塊燉煮。
- ◆ 雞腿不含大腿塊Jamón/Jamoncito：整隻或切塊燉煮。
- ◆ 雞胗Molleja
- ◆ 雞心、雞肝和雞胗Menudos

Filloa
Pan con Tomate/Pan Tumaca
Torrija
Rosca
Bocadillo con Calamares Frito
Empanadilla
Migas

攝影：王儷瑾

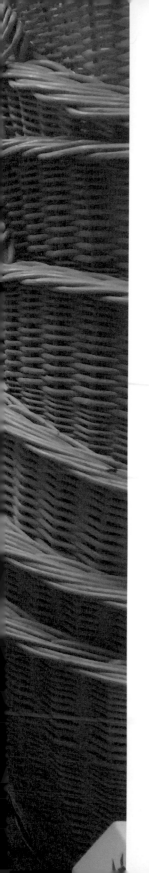

PART ONE

麵包
PAN

西班牙人用餐習慣吃麵包來填飽肚子，沒吃到一口麵包，
整頓飯下來就算是大魚大肉也會感覺沒有吃飽。
三餐外加點心都吃麵包，到底是什麼神奇的魅力，
讓人愛不釋手，一口接一口啊。

1-1

古時候的麵包不是麵包

古代的人們還未發現酵母，也還沒有發酵的概念，因此沒有現代隨處所見的蓬鬆麵包。以前的人為了填飽肚子會吃清蒸穀物和麵餅，他們習慣把麵糊攤在烤盤上，烤成一張一張的餅，用餐時撕成小塊來吃。就類似現在大家熟悉的口袋餅（Pita）、印度甩餅、中東烤餅、俄羅斯小圓鬆餅等等。

西班牙的Filloa源自於羅馬時代，它的意思就是「片」，當時的人把雞蛋、蜂蜜和麵粉混合成稀稀的麵糊，然後烘烤成很多片。午餐和晚餐的時候吃蔬菜或肉類的主菜，因為當時還沒有發明叉子，就是直接用手把餅撕成小塊來吃。

西班牙北部從早期到現在還是習慣吃Filloa，他們會做大雜燴（Cocido，請見7-3「無肉不歡，西班牙的家常菜」），把燉煮過肉類的高湯和麵粉和勻，煎成薄片來配著肉吃。也有些地區會把豬皮放在燒熱的烤盤上逼油，然後舀上幾匙麵糊進窯爐烤幾分鐘，再把大雜燴中的肉類切片，用Filloa包起來吃。每年11月11日的宰豬日（Matanza），西班牙人會用豬血代替高湯，煎出一片片暗紅色的薄餅。

現在則有人把Filloa當成甜點，一次吃個兩三片。薄薄的一張麵皮，上面點綴著鮮奶油、蜂蜜、果醬或水果。西班牙其他地方則吃跟Filloa很類似的薄餅Crepe。

△ 烤好的可麗餅可以包很多種餡料，甜的通常是水果和打發鮮奶油；鹹的是培根和起司片。攝影：黃嫦媛。

△ 市集大多有可麗餅攤子（Crepe）。Crepe跟Filloa非常類似，Filloa使用水或高湯，Crepe則用牛奶。攝影：黃嫦媛。

{西班牙可麗餅} FILLOA

材料〔20片〕

- 蛋……3顆
- 中筋麵粉……85克
- 融化奶油……30克
- 檸檬皮……少許
- 牛奶……55毫升
- 水……230毫升

- 鹽……1/8小匙
- 橄欖油……適量
- 果醬……適量
- 糖粉……適量
- 蜂蜜……適量

△ 奶油是用來增加可麗餅的香氣，橄欖油是用來煎可麗餅的。

做法

1　蛋、中筋麵粉、融化奶油、檸檬皮、牛奶、水和鹽混合成均勻的麵糊備用。

2　熱平底鍋，用廚房紙巾沾取橄欖油擦在鍋內，或用刷子刷薄薄的一層油。

3　舀一勺麵糊倒入平底鍋，以逆時針方向搖晃鍋子，讓麵糊平均攤開在鍋內。

4　待下面呈現金黃色，翻面再煎幾秒鐘即可起鍋。

5　食用時搭配果醬、糖粉或蜂蜜。

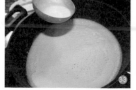

Tip

③　麵糊倒入鍋內以後迅速地搖晃鍋子，這樣就可以攤得很漂亮。可麗餅就能做得越薄越好吃。

{西班牙可麗餅} *Filloa*

RECIPE NO.1　西班牙可麗餅講求的是輕薄、軟和細緻的感覺，
當做甜點吃，不占肚子空間卻有滿足的感覺。

1-2

早餐吃麵包，午餐吃麵包，晚餐吃麵包；甜點，又是麵包

西班牙流傳一句諺語：「Ni mesa sin pan, ni ejército sin capitán.」直接翻譯就是：如果餐桌上沒有麵包，就如同軍隊裡沒有上尉一樣；意思是說麵包在西班牙人心目中（抑或是腸胃中！），麵包實在是太重要了，就跟有些台灣人認為用餐時沒有吃到白飯就好像沒有吃飽一樣的意思。在早期，麵包也和貨幣一樣重要，越是貧窮困苦的時代，只要雇主願意提供充足的麵包和紅酒，就能讓中下階級的工人賣命工作。

另外還有一句諺語是這麼說的：「Los niños nacen con un pan bajo el brazo.」意思是：小孩出生的時候，腋下夾著麵包。用台灣人常用的俗語來理解就是「兒孫自有兒孫福」，小孩出生就帶著便當的。只不過以前西班牙沒有便當，大家都是用麵包來填飽肚子！

以上兩句常見的諺語就說明了西班牙人把麵包看得非常重要。早餐先來兩片塗了番茄泥的麵包，點心是小片硬麵包抹上肉醬（paté），中午吃燉肉或煎魚搭配麵包，下午用解嘴饞的潛艇堡，到了晚餐又把麵包拿出來切幾片沾醬汁一起吃，一天吃五餐的西班牙人真的吃下很多很多麵包。

◁　西班牙有各式各樣的麵包。攝影：王儷瑾。

◁　國王麵包，上面除了撒白糖還有糖漬水果（南瓜、櫻桃和黃瓜）和松子，好豪華的皇冠啊！攝影：黃嫦媛。

　　雖然西班牙人每日的麵包用量如此豐盛，不過他們的麵包種類很單純，就是鹹麵包和甜麵包兩種；麵包加鹽就是鹹麵包，麵包上加糖就是甜麵包。真的！就是這麼簡單、直接。台灣的麵包店有琳瑯滿目的調理麵包，還有一直很流行的歐式麵包，但是在西班牙的麵包店都找不到裡面有高熔點起司塊、火腿丁的脆皮麵包，也沒有波羅麵包或是布丁麵包這些花俏的樣式，對西班牙人來說，這些調理麵包比較算是點心吧。大多數的西班牙麵包店就是賣長棍麵包、巧巴達、老麵麵包、酸麵麵包等傳統口味的鹹麵包，都是樸實的味道，真的是用來吃飽而不是吃巧。如果下午茶想來片蛋糕、蘋果派或馬芬，要去哪裡吃呢？那就要去甜點店或是咖啡廳了。

　　甜麵包的代表首推Rosca（又稱Roscón），國王麵包（Rosca de reyes，又稱Roscón de reyes）是每年1月6日三王節（Reyes magos）的時候吃；另外還有每年3月底的聖週（Semana santa）會吃的復活節麵包（Rosca de pascua）。兩者其實是一樣的麵包，只是國王麵包傳統上做成圓形，外形像皇冠，上面有糖漬水果塊或柳橙片，宛如珠寶裝飾。有的麵包中間會夾餡；有的沒有。通常中間夾餡的地方會藏一個小瓷偶，吃到小瓷偶的人就是國王，會有整年的好運氣。在巴塞隆納地區，除了小瓷偶還會多放一顆白豆，吃到白豆的人必須請客，付國王麵包的費用。復活節麵包則是西班牙部分地區的傳統習俗（有些地區送的是巧克力兔子），是天主教的教父教母送給教子的禮物。

　　第一次收到復活節麵包是我們大兒子的教父教母送的。當時他只有四個月大，就由我和大廚代為享用。大廚吃得很開心，我卻吃得一頭霧水。這不就是麵包上面撒滿白糖嗎？吃慣台灣調理麵包的我就像一個土包子，無法理解甜麵包單純的美好滋味。吃過幾次以後，每逢節慶心裡反而會默默期待著呢！

△　麵包店賣的鹹麵包。大多數家庭吃的口味很固定，而且每天都會去買新鮮的。攝影：王儷瑾。

{ 番茄泥麵包 }
PAN CON TOMATE/PAN TUMACA

材料〔2人份〕

· 大番茄……1個　· 麵包片……適量（可以烤過也可以不烤，看個人喜好）

· 橄欖油……1大匙　· 鹽……適量

做法

1　有兩種做法，傳統的方式是大番茄對切，用手指的力量抓好大番茄，切口直接往麵包片上抹，接著撒點鹽和橄欖油即可。

2　另一種方式是大番茄對切後，用搓泥板（或挫絲器）搓出大番茄泥，再用鹽和橄欖油調味，最後抹在麵包片上。

Pan con Tomate
Pan Tumaca

{ 番茄泥麵包 }

RECIPE NO.2　西班牙人的早餐吃的比較少，通常喝杯咖啡配點麵包就夠了。
在麵包上塗上番茄泥或是再加上生火腿，是瓦倫西亞和加泰隆尼亞等地區的特色。

RECIPE NO.3

{ 油炸雞蛋麵包 } TORRIJA

材料〔2人份〕

- 棍子麵包……4片（最好是隔夜的麵包，比較硬）
- 雞蛋……2顆，打成蛋液
- 牛奶……250毫升
- 肉桂棒……1枝
- 黃檸檬皮……1片
- 柳橙皮……1片
- 蜂蜜……1大匙
- 炸油……適量
- 肉桂粉……適量
- 蜂蜜……適量

△ 除了棍子麵包也可以用厚片土司，西班牙的超市很難買到厚片土司，很多人會為了這道甜點自己動手做土司。

做法

1 牛奶、肉桂棒、黃檸檬皮和柳橙皮放入湯鍋煮沸，關火靜置10分鐘，讓牛奶吸收香料的味道。

2 撈起香料，加入1大匙蜂蜜在牛奶裡，攪拌均勻。

3 棍子麵包片浸在牛奶裡，兩面都要沾到。麵包吸飽牛奶會變得非常軟綿、厚重，而且不太好拿，可以用煎鏟或湯匙輔助。

4 麵包片放在網架上瀝掉多餘的牛奶。

❷ 除了用傳統的肉桂粉、黃檸檬皮和柳橙皮增添風味，有些食譜還會在牛奶中泡花草茶或加入丁香。

❸ 隔夜的麵包很容易吸飽牛奶，擺兩三天的麵包更好。西班牙家庭都是天天去超市或麵包店買當天新鮮的麵包，若有吃不完的也會拿來變化成甜點。

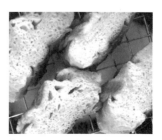

❹ 麵包放在網架上瀝掉多餘的牛奶，不用特別去擠壓它。

5　在平底鍋中倒入炸油，高度最少2公分高，熱油直到180℃。

6　小心地把麵包片表面沾滿蛋液，下鍋油炸。兩面金黃即可撈起。

7　食用之前撒上肉桂粉或是蜂蜜。

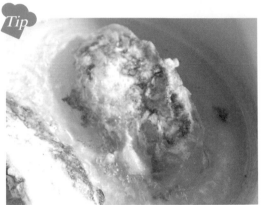

△　麵包吸飽牛奶變得非常軟，不方便沾蛋液，要多點耐心！

△　一般習慣用炸的，這樣表面比較酥脆，也可以用煎的，口感會比較軟嫩。這道甜品當天做當天就要吃光，再加熱就會很油膩，一點也不好吃。

△　有一次在傳統甜點店買，麵包整個浸在蜂蜜裡面，超級甜！另外曾經在教堂吃過幾次，撒滿白糖的炸麵包配著熱騰騰的甜紅酒，甜上加甜，也是特別的回憶。

{油炸雞蛋麵包} *Torrija*

RECIPE NO.3 ┊ 3月中到4月的聖週，有些西班牙人會齋戒40天，
┊ 因為不能吃肉，通常就會吃這道麵包來填飽肚子。
┊ 在西班牙北部的坎塔布利亞區（Cantabria）則是在聖誕節吃。

{ 西班牙傳統甜麵包 } ROSCA/ROSÓN

材料〔2條〕

中種麵團

· 高筋麵粉……100克

· 天然酵母……5克

· 牛奶……100毫升

◁ 西班牙超市都有賣天然酵母，黃色包裝一小塊。
如果使用乾酵母，只要一半的份量。

主麵團

· 中種麵團……1份　· 高筋麵粉……400克　· 天然酵母……5克
· 室溫軟化的奶油……60克　· 牛奶……50毫升　· 柳橙汁……30毫升
· 甜茴香酒……20毫升（我們使用茴香液香料，買不到可以改成其他甜味強烈的酒）
· 蜂蜜……30克　· 雞蛋……3顆　· 糖……100克　· 鹽……少許
· 手粉……適量（高筋麵粉）

表面裝飾（可以省略）

· 蛋……1顆，打成蛋液

· 糖……適量

· 冷開水……適量

△ 甜麵包的特色就是不加一滴水，純奶純蛋的風味，在西班牙早期是非常重
要的傳統節慶甜點，吃過的人都會回味不已。

做法

1　先做中種麵團。高筋麵粉混合牛奶和天然酵母，攪拌到看不見麵粉顆粒，形成非常濕軟的麵團，放在溫暖的地方發酵1小時。

2　中種麵團和主麵團材料（除了奶油以外）都放進攪拌缸裡，開中速攪拌成團。

3　加入奶油，繼續攪拌到麵團完全吸收奶油。

4　在桌面上撒上薄薄的手粉，麵團移到桌面，揉成不黏手的麵團。

5　麵團放到溫暖的地方發酵1小時。

6　移出麵團到桌面，用手掌按壓麵團，讓裡面的氣泡擠出來。

7　麵團分成兩等份。

8　用手把麵團搓成兩條長條。兩條長麵團都編成雙股麻花，其中一條圍成皇冠。

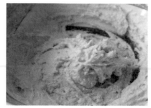

❷　中種法簡單來說，是先發酵一部分麵團，跟主麵團混合以後，進行再次發酵。

❸　這種麵團非常濕黏，這是正常現象，只要攪拌成團就可以加入室溫軟化的奶油。

❹　手沾些乾麵粉，接著手揉幾次就不黏了。

❽¹　雙股麻花，一條長麵團對折，接著兩股交叉幾次，就成了麻花狀。

❺　麵團放進乾淨的容器，靜置在溫暖的地方，例如未開火的烤箱或微波爐。

❽²　雙股麻花慢慢拉長，繞成一圈，頭尾黏緊就是皇冠。

9 　兩份麵團放在鋪有烘焙紙的烤盤上，塗上薄薄的蛋液。放在溫暖處1小時到1.5小時，直到發酵成兩倍大。

10 確定發酵完成才開始預熱烤箱，上火和下火都是180℃，請不要轉成旋風烤箱模式。

11 在麵團的表面上用輕輕按壓的方式，刷上第二次蛋液。

12 取適量的糖和少量開水攪拌成為濕濕的糖霜，把糖霜鋪在麵團上。

13 放進烤箱烤25分鐘到30分鐘。如果表層上色太快，可以關掉上火或是蓋上鋁箔紙遮住。

⑫ 糖和少量的水混合成糖霜，這個裝飾也可以不做。很多甜麵包烤好撒上厚厚的白糖，這樣也是另一種道地的裝飾法。

⑫ 把糖霜鋪在麵團上。

△ 皇冠型的甜麵包。

△ 雙股麻花形狀的甜麵包。

△ 麵包放涼後切片直接吃也很棒，也可以抹上果醬或配牛奶就是小朋友喜愛的節日早餐。甜麵包到底有多受歡迎？通常節日前幾天就要去附近麵包店訂，臨時要買只能去超市找了。

Rosca/Rosón
{西班牙傳統甜麵包}

RECIPE NO.4   每年1月6日的三王節，長輩都會準備甜麵包給小朋友吃。
通常內餡有兩種口味：原味奶油和巧克力奶油。
一條甜麵包約20歐到40歐不等，看尺寸和重量而定。

｛炸魷魚圈潛艇堡｝
BOCADILLO CON CALAMARES FRITOS

材料〔1人份〕

- 潛艇堡麵包……1份
- 魷魚……適量
- 低筋麵粉……適量
- 雞蛋……1顆，打成蛋液
- 鹽……少許
- 炸油……適量

△ 魷魚可以用花枝取代。內臟要全部拿出來，外面的膜視個人喜好拔除。

做法

1　熱一鍋炸油，溫度約180℃。

2　魷魚去掉頭部，身體部分切段。

3　撒上少許鹽調味。

4　魷魚圈裹上薄薄的低筋麵粉，放在篩網上抖落多餘麵粉。

5　裹上蛋液，入鍋油炸到花枝浮起油面，翻面再炸1分鐘即可撈起。

6　潛艇堡麵包切開，夾入炸魷魚圈。可以抹上美奶滋或是淋上番茄醬等，隨個人喜好增減。

❸ 魷魚切段就成了魷魚圈，直接炸來吃也很美味，但是西班牙人就愛配著麵包一起吃。

❺ 炸魷魚時要小心熱油噴濺，即使用廚房紙巾先按壓過一遍再裹粉，還是很難避免油爆的情形發生。

{炸魷魚圈潛艇堡}

Bocadillo con Calamares Fritos

RECIPE NO.5 ：　馬德里常見的潛艇堡口味是夾炸魷魚圈，
　　　　　　　　內餡的選擇其實很隨意，大多是夾香腸、生火腿和起司，
　　　　　　　　也有夾西班牙蛋餅、雞胸肉、煎牛肉、炸章魚或生菜沙拉等等。

{ 小餡餅 } EMPANADILLA

材料〔10個〕

內餡

- ・熟淡菜……350克
- ・洋蔥……2顆，切丁
- ・橄欖油……5大匙
- ・番紅花粉……1小匙
- ・鹽……1小匙

餡餅皮

- ・低筋麵粉……250克
- ・蛋……1顆
- ・牛奶……50毫升
- ・水……60毫升
- ・橄欖油……1大匙
- ・乾酵母粉……2克，或是新鮮酵母塊6克
- ・鹽……1小匙

△ 小餡餅的內餡有鹹有甜，多種口味。鹹餡有鮪魚、鹽醃鱈魚和葡萄乾、雞肉蘑菇、豬牛絞肉、扇貝、海蚶、大雜燴中的肉類和烤乳豬白醬等，這次我們做的是淡菜口味；甜餡有蘋果、甜奶油醬Crema、南瓜糖Cabello de ángel等。

△ 淡菜一定是用煮熟的，如果買新鮮的也要事先煮熟、去殼和拔掉足絲。

△ 餡餅皮的配方是大廚私房食譜，餅皮很軟，不管是用烤的還是油炸都不會變硬。

做法

1 麵粉、蛋、牛奶、水、橄欖油、乾酵母粉和鹽混合，揉成一個柔軟的麵團。蓋上乾淨的布或保鮮膜，在溫暖的地方發酵1小時。

2 平底鍋內用橄欖油炒洋蔥丁，炒到洋蔥丁變成半透明，加入番紅花粉、鹽和熟淡菜繼續翻炒到均勻。

3 撒一些麵粉在桌上，麵團取出後擀成0.2至0.3公分厚的薄片。再用圓形模具切出圓形麵片。

4 炒好的淡菜放在麵片上，麵片邊緣塗上少量冷水，對折麵片，壓緊邊緣。

5 做好的小餡餅可以用180℃熱油油炸至金黃色；或者是塗上蛋汁，放進180℃預熱好的烤箱烤到表面金黃即可。

① 麵團有點黏手，等一下擀平的時候可以在桌面上撒一點麵粉防沾黏。

Tip

② 小餡餅好吃的祕訣就是油量要稍微多一點，記得洋蔥丁都要沾到油。

②2 炒好的餡料可以試吃看看鹹度如何。

③ 我們做直徑約11公分的圓形，餡料只放1大匙就夠了。

④ 如果怕會露餡，邊緣用叉子壓緊即可。

③1 只要油炸到麵皮熟了就可以撈起，內餡都是熟的。

③2 塗全蛋的蛋汁在餡餅上。

{ 小餡餅 }
Empanadilla

{炒麵包酥} MIGAS

材料〔2人份〕

- 隔夜麵包或是麵包粉……250克
- 青椒……1/4個，切丁
- 紅椒……1/4個，切丁
- 西班牙臘腸（Chorizo）……1根，切片
- 五花肉……100克，切絲

- 大蒜……4瓣
- 紅椒粉……1小匙
- 橄欖油……2大匙
- 鹽……適量
- 水……50毫升

△ 肉類和蔬菜都可以隨喜好來變
　 化，換成炒蛋、火腿丁或是加點
　 青蔥都很美味。

做法

1　隔夜麵包放入食物處理器打成麵包粉，淋上水讓麵包粉濕潤，並且攪拌均勻。

2　在平底鍋內用橄欖油炒大蒜、臘腸片和五花肉絲。

3　加入青椒丁、紅椒丁繼續拌炒到熟。

4　倒入有點潮濕的麵包粉，繼續拌炒到麵包粉開始轉成深黃色。

5　撒上紅椒粉和少許鹽調味即可。

❶　沒有食物處理器也可以用蔬菜剉絲板或起司剉絲板，或用菜刀刮出麵包粉都可以。

❷　五花肉絲炒熟就可以了。

❸　加入紅椒丁、青椒丁繼續炒。

❹　麵包粉倒入拌炒，要把麵包粉炒開。

❺　麵包粉轉成黃色就可以調味，接著炒乾、炒酥就可以上桌了。

{炒麵包酥}
Migas

RECIPE NO.7 ： 西班牙人切完麵包會把麵包粉收集起來，不用幾天就可以炒一盤麵包酥。
我們則是用隔夜變硬的麵包打碎來做這道菜。

攝影：Lo Studio

PART TWO

Merluza a la Gallega con Patata Cocida

Entrecot con Patatas Fritas

Tortilla

Tortilla Paisana

Patatas Bravas

馬鈴薯 PATATAS

什麼品種的馬鈴薯適合炸薯條，
什麼品種適合燉煮，
跑一趟西班牙菜市場或超市就知道。
吃馬鈴薯的歷史其實不算長，
西班牙人把它做成各種菜餚，
想要認識馬鈴薯，
就從這裡開始。

2-1

西班牙人那個開始吃馬鈴薯的年代

西班牙的餐廳常常見到的景象是，點菜，等服務生把菜送上桌，接著就會發現，魚的配菜是炸馬鈴薯片，牛排的配菜是炸馬鈴薯條，章魚的配菜也是水煮馬鈴薯塊！吃飯的時候，西班牙人有時候會把燉煮過高湯的馬鈴薯塊用叉子壓成泥，抹在麵包上一起送進嘴巴；一頓飯吃下來，一個人可能都吃了兩顆到四顆馬鈴薯。傍晚到小酒館和朋友相聚小酌，下酒菜的選擇也包括炸馬鈴薯塊和炸馬鈴薯片。酒足飯飽以後到Fiesta（類似台灣的夜市，有音樂會、攤販和遊樂器材）走走逛逛，賣炸薯條的攤車更是隨處可見。一整天的飲食都被馬鈴薯占據，既是主食又是配菜，還可以當點心。

到底西班牙人有多愛吃馬鈴薯呢？

馬鈴薯是西班牙非常普遍的蔬菜，尤其在經濟狀況不好的時候，馬鈴薯簡直是扮演民族救星的角色，吃得飽，營養價值高，還是非常容易種植的農作物。不過，西班牙人到了19世紀才開始大量食用馬鈴薯，不僅利用馬鈴薯搭配肉類或海鮮，也把馬鈴薯和其他蔬菜燉成濃湯，用麵包沾取來吃；有些人還常常把整顆水煮馬鈴薯當作正餐，沾點鹽一塊兒吃就可以填滿空虛的腸胃。在這之前，西班牙人還是以穀物、麵餅或麵包做為主食來裹腹。

16世紀下半葉，西班牙征服印加帝國時期發現印加人懂得吃馬鈴薯，於是從南美洲安地斯山脈千里迢迢帶回歐洲，接著讓其他探險家傳播開來；一開始食用量還沒有那麼普及，並不是所有人都能夠馬上接受。一些學者認為馬鈴薯具有特殊療效，把它種植在植物園中；很多地區甚至認為馬鈴薯是用來養活奴隸的食物。但是18世紀後期，一連串重大事故發生，糧食匱乏、作物欠收的情況下，馬

鈴薯有著能在氣候惡劣的環境下成長、對於土壤的適應力很強的特色。再加上19世紀人口膨脹，大饑荒連續爆發需要很多糧食等，天時地利人合的因素，讓馬鈴薯迅速成為桌上常見的佳餚，同時也發現，馬鈴薯還可以經由發酵、蒸餾製成烈酒，從此之後改變了整個歐洲的飲食和經濟。

之前在我念的語言學校附近有個蔬果店，攤子上的馬鈴薯種類繁多，簡單的由外觀來區分的話，大概可以看出黃皮黃肉、黃皮白肉、紅皮黃肉、紅皮白肉、褐皮黃肉這幾種類別。有一天我站在攤子前面看來看去，實在不知道買哪一種好，在台灣對於馬鈴薯的種類似乎沒有那麼講究。後來老闆從蔬菜堆中探出頭來問我要買什麼，我用憋腳的西文問他，沒想到老闆說的一口好菜，能說出這個馬鈴薯適合水煮，那個馬鈴薯適合炸，哪個又適合拌馬鈴薯美乃滋沙拉，我這個廚房新手除了耳朵要聽西文，眼睛要隨著老闆舞動的手指快速地掃描馬鈴薯，嘴巴

△　西班牙家庭和餐廳都使用大量的馬鈴薯，在蔬果店裡面有各種尺寸的馬鈴薯。

還要應答，真的是急死我了，買個蔬菜竟流了半公升的汗！才聽完馬鈴薯的名字就已經全部混淆在一起了。

　　這次的購物初體驗發展到後來，我只好辜負老闆的指導，隨便挑幾顆看起來順眼的紅皮白薯回到租屋處，和肉類一起料理了幾次，還是吃不習慣那種乾乾鬆鬆的口感，只好摸摸鼻子傷心地去超市買看起來最普通的黃皮黃肉馬鈴薯。超市除了賣帶皮的馬鈴薯，也有泡在水裡的玻璃罐裝馬鈴薯，通常擺在蔬菜罐頭附近，隨顧客的需求來選擇，實在非常方便，連削皮都省了。

　　這幾年西班牙也和全世界一起陷入經濟危機的窘況，有些中小企業老闆為了一年兩次犒賞員工的酬謝宴（類似台灣的春酒和尾牙），特別打電話跟餐廳要求要價格便宜的菜色，然後馬鈴薯多放一點、再多放一點，這樣員工才吃得飽。像是這種時候，我家大廚就會花點巧思把菜餚擺設得豐盛，像是把馬鈴薯墊在肉片底層，這樣一道菜看起來滿滿的肉片才不會很寒酸，或是把馬鈴薯切成細絲去油炸，擺盤好看之外，客人吃的時候不自覺吃下很多份量，自然就填飽肚子了。

　　大廚的餐廳進貨的馬鈴薯叫做Kennebec，是普遍用來燉煮的黃皮白肉的品種，尺寸較大顆，果肉比較軟；Agria比較適合油炸，但是第一批採收的Agria有時候一下鍋馬上就焦黑，這時候就要先悶煮過再油炸才能炸出美麗的金黃色。

　　另外，市面上還有三種常見的品名：Monalisa、Red Pontiac、Spunta。Monalisa和Agria很像，黃皮白肉，油炸比較好吃；Red Pontiac是紅皮白肉的長型馬鈴薯，可以油炸，果肉含有較高的澱粉質，口感特別鬆軟；Spunta是小又細長的褐皮馬鈴薯，外形像一枝飛鏢而得名，做成馬鈴薯沙拉很美味，冷盤類的做法最能吃出它的滋味。

RECIPE NO.8

〔狗鱈佐加利西亞醬汁和水煮馬鈴薯〕
MERLUZA A LA GALLEGA CON PATATA COCIDA

材料〔1人份〕

・狗鱈……300克（買不到狗鱈可以用鱈魚輪切片代替，但是味道不盡相同）

・馬鈴薯……2~3顆，削皮切大塊

・豌豆仁……1把（可以是新鮮的、也可以是冷凍的）

・洋蔥……1/2顆

・橄欖油……200毫升

・不剝皮大蒜……3瓣

・月桂葉……一片

・醃燻味紅椒粉……1大匙

・白醋……1/4小匙

・鹽……50克

・冷水……約2公升

◁ 醃燻味紅椒粉，帶有甜味和醃燻味。西班牙紅椒粉有三種：甜味（Dulce）、酸甜味（Agridulce）和辣味（Picante）。鐵罐右下角有一支紅椒的圖案，表示這個牌子的紅椒粉是當地品質最好的認證。

△ 歐洲常吃的狗鱈，亞洲比較難買到。肉質細嫩，魚刺少，一年四季都有得吃。

做法

1　先做加利西亞醬汁。大蒜用刀稍微壓扁，放入裝有橄欖油的小鍋，開小火。加熱到大蒜上色，關火讓橄欖油冷卻，吸收蒜味。

2　等到蒜油冷卻，加入醃燻味紅椒粉，開火繼續加熱。（如果油很熱就馬上倒入紅椒粉會燒焦，醬汁變得很苦。）

3　蒜油加熱到小鍋邊緣起小泡泡，小心加入白醋，並且輕柔地攪拌，醬汁完成。

4　接著做狗鱈的部分。狗鱈撒上鹽備用。

5　冷水、鹽和切塊的洋蔥放入湯鍋中，煮滾後加入馬鈴薯塊和豌豆仁。

6　馬鈴薯等蔬菜先煮12分鐘，狗鱈放入湯鍋一起，再煮7分鐘。

　　Tip　大廚判斷魚肉煮熟的小訣竅，就是觀察切面的組織，魚肉呈現鱗片感，一片一片的緊緊相黏，那就是熟了。

7　確定馬鈴薯已經煮透和狗鱈煮熟，即可撈起呈盤，享用以前淋上加利西亞醬汁。

❸　完成的加利西亞醬汁，呈現紅椒粉的美麗橘紅色。

❶　加熱後的橄欖油加入拍扁的大蒜做成蒜油。

❺　湯鍋中煮洋蔥塊、馬鈴薯塊和豌豆仁。

Merluza a la Gallega con Patata Cocida

水煮馬鈴薯原本吃起來平淡無奇，加上醬汁以後口感變得滑順。
吃的時候用叉子把馬鈴薯壓成泥，再抹在麵包上一起吃更道地。

RECIPE NO.9

{牛排佐醬汁和炸馬鈴薯}
ENTRECOT CON PATATAS FRITAS

三種常見醬汁：

{雪利酒醬汁} SALSA AL JEREZ
{加不列斯起司醬} SALSA CABRALES
{綠胡椒醬汁} SALSA A LA PIMIENTA

　　在台灣吃西餐時常說吃牛排，因此不諳外語的朋友來西班牙旅遊就可能會在餐廳點Filete，但是送上桌的是切得薄薄、煎得很乾又沒有油花的牛肉片，看著別桌客人大口嚼著厚厚的牛排卻不知道怎麼點。請記得用Entrecot這個單字，指的是無骨的厚片牛排；如果想吃帶骨的厚片牛排，則請用Chuletón。

主餐材料〔2人份〕

· 牛排……500克
· 馬鈴薯……2~3顆，削皮切條
· 橄欖油……1大匙
· 鹽……適量
· 炸油（西班牙家庭通常使用葵花籽油來油炸）

△　熟成的牛排搭配馬鈴薯是絕配。

做法

1　平底鍋放入1大匙油，開火熱鍋熱油。

2　牛排兩面撒上薄鹽備用。

3　等熱鍋熱油就把牛排放入平底鍋煎，一面煎到焦黃才能翻面。煎到個人喜歡的熟度即可起鍋。

4　熱一鍋炸油；同時用水沖洗馬鈴薯厚片，去掉表面澱粉，接著瀝乾水分。

5　等油熱即可入鍋油炸薯條。薯條浮上油面就差不多熟了，用牙籤戳戳看，沒有硬芯就是熟了，即刻撈起，撒上鹽調味。

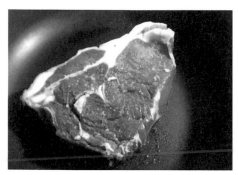

△　平底鍋熱鍋熱油煎牛排，才能讓牛排表面煎出誘人的金黃色。

Tip

△　煎牛排的小訣竅就是全程只能翻一兩次面，頻繁的翻面會讓肉變乾柴。

雪莉酒醬汁材料

・牛排肉汁（煎牛排時殘留鍋底的肉汁）

・雪莉酒……80毫升

・鮮奶油……125毫升

做法

1　雪莉酒和牛排肉汁倒入鍋中，開火燒開醬汁，並且點火讓雪莉酒的酒精燃燒揮發掉。

2　加入鮮奶油一起用文火慢慢煮到濃稠，期間可以搖鍋讓醬汁混合均勻或是小心地攪拌。

❶　用點火器點燃雪莉酒，酒精揮發後的醬汁味道很香，整個廚房都彌漫著香甜的氣味。

㉑　倒入鮮奶油。

㉒　文火慢慢煮醬汁，煮一陣子後可以看到醬汁越來越濃稠。

加不列斯起司醬汁材料

・牛排肉汁
・雪莉酒……80毫升
・加不列斯起司……適量
・鮮奶油……125毫升

做法

1 雪莉酒、加不列斯起司和牛排肉汁倒入鍋中，開火燒開醬汁，並且點火讓雪莉酒的酒精燃燒揮發掉。

2 加入鮮奶油一起用文火慢慢煮到濃稠，期間可以搖鍋讓醬汁混合均勻或是小心地攪拌。

❶ 起司的份量憑個人喜好添加，接著點火讓酒精燃燒揮發。

❷ 煮至濃稠的醬汁，香甜中帶有微微的起司鹹味和藍黴苦味，風味強烈。

綠胡椒醬汁材料

・牛排肉汁
・雪莉酒……80毫升

・綠胡椒粒……1大匙
・鮮奶油……125毫升

◁ 超市都可以找到綠胡椒罐頭，通常擺在香料區，打開就可以入菜。

做法

1 綠胡椒、雪莉酒和牛排肉汁倒入鍋中，開火燒開醬汁，並且點火讓酒精燃燒揮發掉。

2 加入鮮奶油一起用文火慢慢煮到濃稠，期間可以搖鍋讓醬汁混合均勻或是小心地攪拌。

❶ 綠胡椒、雪莉酒和牛排肉汁一起煮，煮滾就可以點火讓酒精揮發掉。

❷ 綠胡椒吃起來帶有嗆鼻的辣味，搭配牛排一起咀嚼可以降低油膩感。

左邊是綠胡椒醬汁、中間是雪利酒醬汁、右邊是加不列斯起司醬汁。
好吃的炸薯條一定要乾爽、酥脆，除了選擇馬鈴薯的品種外，
還要注意炸油溫度太低的話就會吸油。

Salsa Cabrales

Salsa al Jerez

Salsa a la Pimienta

{牛排佐醬汁和炸馬鈴薯}

Entrecot con Patatas Fritas

2-2

西班牙阿嬤靈活用小刀，喀啦喀啦

我的西語老師英瑪（Inma）曾經在班上說過一個關於她阿嬤的傳奇小故事。她說以前大家普遍都很窮苦，食物永遠吃不夠，還要試圖用簡單的菜色餵飽一大家子。有一天，阿嬤發現院子的母雞下了一顆蛋，興高采烈地撿回家，混和馬鈴薯做了超大的西班牙蛋餅。那天晚餐全家就靠著那個只用一顆蛋的蛋餅和麵包就吃飽了。直到如今，這個故事都還流傳在他們家，每次阿嬤開始用小刀喀啦喀啦切馬鈴薯的時候，都會陷入回憶，津津樂道再重複一次這個讓她得意一輩子的故事。

△ 西班牙的阿嬤在廚房可是一把罩！每個阿嬤都身懷絕技。感謝友人的時髦婆婆熱情入鏡。攝影：黃嫦媛。

我的朋友努莉雅（Nuria）說她和媽媽都討厭下廚，而且唯二會做的菜就是沙拉和煎肉片，反正她有精通廚藝的婆婆，要吃什麼都可以隨時點菜。婆婆最看不慣的就是用削皮刀處理食材；當努莉雅把削皮刀從櫥櫃抽屜拿出來削馬鈴薯或蘋果，她就在身後叨念著：「用小刀不是比較快嗎？不會煮飯的人才用削皮刀，這個世界上的女人都應該學著用小刀！」接著一個箭步搶過來用小刀俐落地削皮、切塊，果皮削得又薄又長。努莉雅則說她最喜歡飯來張口的日子。

　　每一個會下廚的西班牙阿嬤，廚房裡都會放幾把慣用的小刀。舉凡削皮、切塊、挖蒂頭、去芽眼都靠這把小刀。左手握著馬鈴薯，右手食指控制好小刀，大拇指就頂著馬鈴薯，喀啦一聲，就把馬鈴薯切成塊，真是神乎其技。我問過大廚的外婆怎麼用小刀，她一臉不可置信地望著我：「妳是外星球來的嗎？」，然後低頭俐落地回答：「就這樣用啊。」用小刀對她們來說再平凡不過，沒想到我這個老外居然還問她咧！

　　我在家裡琢磨了一陣子，發現：用小刀切的馬鈴薯塊，表面積比平整刀工切的還大，所以比較容易平均受熱，就像台灣家常菜會用到的滾刀塊。說是切，其實也不是真的切，比較像是用剝的；先把小刀卡在馬鈴薯果肉內，然後食指控制小刀向內用力，聽到喀啦一聲就是順利把馬鈴薯塊剝下來的聲音。馬鈴薯塊可大可小，做蛋餅通常是用一口大小。

　　哎呀！小刀用順手了還真方便。

{ 傳統西班牙蛋餅 } TORTILLA

材料〔14公分平底鍋的份量〕

・蛋……3顆　　・馬鈴薯……4顆，削皮切塊　　・洋蔥……1/4顆，切成細丁

・橄欖油……少許　　・鹽……少許

做法

1　馬鈴薯削皮以後切塊，用水洗去表面的澱粉。沒有洗去澱粉，油炸過後馬鈴薯會變黑。

2　馬鈴薯塊放入180℃的油鍋中油炸到半熟，用牙籤插入馬鈴薯塊中央，感覺到還有點硬芯就是半熟狀態。

3　放入洋蔥細丁一起油炸到馬鈴薯塊全熟後撈起，加一小撮鹽調味。

4　蛋打成蛋液，倒入炸好的馬鈴薯塊和洋蔥丁中攪拌均勻，放置10分鐘讓馬鈴薯吸飽蛋汁。

5　平底鍋放少許橄欖油，等到油熱就倒入蛋液，小心地用湯匙或鍋鏟抹平表面。

6　煎一兩分鐘，可以輕輕搖晃平底鍋，所有材料跟著平底鍋搖晃而不是各自散開，就表示底部已經成形可以翻面了；如果材料還是呈現散開狀，還需要多煎幾分鐘。

7　鍋蓋或盤子蓋在平底鍋上，小心地翻轉鍋蓋和平底鍋，讓蛋餅倒扣在鍋蓋上。此時蛋餅還沒有完全凝固，少許蛋液會流出來是正常的情況。

8　翻過面的蛋餅倒回平底鍋繼續煎到蛋液大致凝固即可起鍋。有些人喜歡吃全熟的蛋餅，也有人偏好半熟、蛋汁會流動的程度，端看個人喜好。

❶ 左邊是一般家庭會切的形狀，用小刀把馬鈴薯切成不規則的小塊。右邊是餐廳廚師常切的薄片狀。

⑤ 蛋液倒入平底鍋中，小心地抹平 表面。　⑦ 鍋蓋或盤子蓋在平底鍋上。　⑧ 蛋餅翻面後倒回平底鍋煎另 外一面。

Tortilla
{ 傳統西班牙蛋餅 }

RECIPE NO.10　　傳統西班牙蛋餅。
大廚說西班牙蛋餅的發源是戰爭時期，糧食缺乏，軍廚利用僅有的材料，
在盡可能最快速的時間內做出這道可以填飽軍人肚子的食物，後來廣為流傳。

RECIPE NO.11

{鄉村蛋餅} TORTILLA PAISANA

Paisana，意指鄉村的人，也有親戚的意思。西班牙人認為正統的西班牙蛋餅只能有馬鈴薯、洋蔥和蛋，加了蔬菜和火腿香腸就不能算是西班牙蛋餅，而是西班牙蛋餅的親戚，因此得名。

還有，如果光用蛋做成的蛋餅，稱為法式蛋餅（Tortilla Francesa），也是台灣最近流行的歐姆蛋。西班牙人對於自己國家的食物相當自豪，所以在戰爭時期嘲諷法國人做的蛋餅太過簡單，就拿法式蛋餅這個名稱來說嘴。

◁ 西班牙蛋餅也是常見的Tapa，切成小塊的蛋餅放在切片麵包上就是簡單美味的下酒小菜。

△ 左為西班牙紅腸，右為生火腿。

材料〔14公分平底鍋的份量〕

· 蛋……2顆
· 馬鈴薯……4顆，削皮切塊
· 洋蔥……1/4顆，切成細丁
· 紅椒……1/4顆，切成細丁，炒熟備用
· 豌豆仁……一小把，水煮熟備用
· 生火腿……20克，用手撕成小片（或西班牙紅腸1根）
· 橄欖油……少許
· 鹽……少許

做法

1 和傳統西班牙蛋餅的做法大致相同。在蛋液中添加炒過的紅椒細丁、煮過的豌豆仁和生火腿碎片，攪拌均勻以後就可以使用。

⑪ 加入生火腿碎片的蛋液。

△ 可以當中餐也可以當點心的西班牙蛋餅潛艇堡Bocadillo de Tortilla。潛艇堡店和咖啡廳都可以買到的快速小吃，可以直接吃、抹美乃滋或是夾番茄生菜等餡料。

⑫ 加入西班牙紅腸後的蛋液。

Tip

△ 鄉村蛋餅，添加的是西班牙紅腸。有些人會把腸衣剝掉只用肉餡和蛋液混合，這樣吃口感比較好，不會有咬不斷的感覺；當然也有人喜歡整塊香腸而不是碎肉的口感，就不用去除腸衣。

{ 鄉村蛋餅 }

Tortilla Paisana

RECIPE NO.11 : 鄉村蛋餅，添加西班牙生火腿。
: 調味時，鹽的分量要比傳統西班牙蛋餅少一點，因為生火腿已經有鹹味，
: 而且不需要事先炒過，直接和蛋液混合即可。

{辣醬馬鈴薯} PATATAS BRAVAS

材料〔2人份〕

- 馬鈴薯……3顆，削皮切大塊
- 辣椒……1根，切片
- 大蒜……3瓣，拍碎
- 洋蔥……半顆，切丁
- 番茄糊罐頭……250克
- 橄欖油……2大匙

- 炸油……適量
- 鹽……1/4小匙
- 白胡椒……1/8小匙
- 紅椒粉……1大匙
- 糖……少許（調整番茄糊酸味用，可省）

△　超市很好找番茄糊罐頭，用新鮮番茄做不出辣醬的濃稠感和燉炒番茄的厚重味道。

做法

1 先做辣醬。在鍋內用橄欖油爆香大蒜、洋蔥和辣椒。

2 倒入番茄糊，加入紅椒粉、鹽和白胡椒一起煮。

3 煮滾後再繼續煮幾分鐘，直到番茄糊的水分開始減少就可以關火，
   然後用電動攪拌棒把醬汁打細。

4 用水沖洗馬鈴薯厚片，去掉表面澱粉，接著瀝乾水分。

5 熱一鍋炸油，以150℃油溫把馬鈴薯塊慢慢炸熟；也可以先蒸過再
   炸到表面金黃酥脆。

6 食用時淋上辣醬即可。

❶ 辣椒要記得去除籽，這樣醬汁的口感吃起來比較滑順。

❸ 辣醬一次做多一點，分裝保存在冰箱有很多用
   途，西班牙可樂餅的沾醬或其他炸物都非常適
   合。

Patatas Bravas 〔辣醬馬鈴薯〕

RECIPE NO.12　　西班牙人吃這道菜有時會混合美乃滋讓辣味更順口，
　　　　　　　　或是加上蒜油Alioli，吃起來風味也很棒。

PART　　馬鈴薯　071
TWO　　PATATAS

Aceitunas Aliñadas

Pan con Aceite de Oliva

Naranja con Aceite de Oliva

Ensalada Mixta

Pulpo a la Gallega

Salpicón

橄欖和橄欖油
ACEITUNAS Y
ACEITE DE OLIVA

西班牙人吃的橄欖是全世界最多！
西班牙出產的橄欖油也是世界第一！
這顆胖嘟嘟的小果實滋養了西班牙的飲食文化，
從下酒菜、前菜到主菜；從養生到養顏美容，
由內到外全部派上用場。

不要問我從哪裡來，我的故鄉在遠方；
生橄欖的苦澀滋味

「橄欖樹」這首民歌相信很多人都能哼上一兩句，小時候我聽到這首帶有滄桑情感的歌，還有女歌手穿著波希米亞風的服裝，總以為橄欖樹跟河邊的柳樹很像，枝葉會隨風飄逸，樹幹細長卻很高，生長在高漠荒原，不然也應該有著神祕色彩。

　　來到西班牙居住後，一天跟著愛好園藝的婆婆去買培植土和果苗，停車場種植數棵橄欖樹，這才發現橄欖樹其實很「粗勇」，矮矮壯壯的，好像森林動物裡的小金剛，而且樹種怕冷又怕熱，還超怕蟲害，跟我童年的幻想相距甚大。唯一跟清新脫俗沾上邊的大概只有橄欖枝和橄欖葉，細長橢圓的樣子還勉強符合啦。

△ 橄欖樹，橄欖不管是青澀還是成熟，直接食用都是又苦又澀、無法入口。攝影：賴思螢。

◁ 成熟的橄欖顏色好
美，壓碎以後醃漬數
月就能成為開胃的美
妙小吃。圖片來源：
西班牙拉瑪哈農莊。

左　橄欖還會搭配青辣椒、紅椒一起醃漬，然後串起來賣。攝影：黃嬌媛。
右　橄欖、迷你小洋蔥和迷你小黃瓜串，搭配飲料和啤酒很受歡迎。攝影：黃嬌媛。

　　橄欖樹的品種其實很多，食用的和榨油的品種是不一樣的。橄欖果實從生青色到成熟的黑色都可以拿來做醃漬橄欖；市面上可以看到青色、紅色和黑色三大類。青色橄欖的口味比較澀，有點生生的味道，有的人覺得青橄欖吃起來好像在吃草藥。紅色橄欖是快要成熟的橄欖，口感比較溫和，果肉又比較脆一點。黑色橄欖吃起來鬆軟，味道最柔和，市面上部分罐頭會有硫酸亞鐵的成分，因為有些品種的成熟橄欖是偏紫色，添加了以後會讓橄欖顏色更黑。

　　現在比較少人會在家裡做醃漬橄欖，因為西班牙是橄欖產量最大的國家，超市一定會賣橄欖罐頭，夏天在路邊也隨處可見賣醃漬橄欖的攤子。生橄欖基本上不能直接吃，味道又苦又澀。要經過十幾天的浸泡，每天灌注清水汰換苦水，再埋進鹽裡六個月至一年，清洗乾淨才用醋、鹽和水調和的醬汁醃漬。

RECIPE no.13

{ 辣醃橄欖 } Aceitunas Aliñadas

材料〔2~4人份〕

- · 黑橄欖罐頭……1罐
- · 洋蔥……半顆,切絲
- · 橄欖油……1大匙
- · 白酒(DRY)……20毫升
- · 柳橙……半顆,擠汁
- · 紅椒粉……1小匙
- · 塔巴斯可辣椒醬……4~5滴
- · 乾朝天椒……1顆(Guindilla, 類似朝天椒的辣椒,可省)
- · 鹽……適量

△ 這道菜通常是用黑橄欖做,有些品牌的黑橄欖吃起來會帶有 藥水味,醃過以後幾乎吃不出來。

做法

1　黑橄欖罐頭裡面的醃汁留一半,不要倒掉。

2　上述所有材料放進湯碗中,混合均勻。

3　靜置在冰箱3小時或隔夜,風味絕佳。

◁ 我原本對於材料中的柳橙汁感到懷 疑,覺得可能會不太好吃,沒想到 這種吃法讓黑橄欖刺鼻的味道變得 很有層次!一口氣吃完一份,還意 猶未盡,相見恨晚。

Aceitunas Aliñadas 〔辣醃橄欖〕

RECIPE NO.13 : 黑橄欖可以直接吃，
如果再次用調味料醃漬過，口味又多一層變化。

西班牙傳說中的橄欖油治百病，
煎炸煮拌烤，樣樣難不倒

在塞維亞念語言課程的時候，我的同學梅麗莎（Melisa）跟她寄宿家庭的媽媽（Home媽）打賭，看誰在一個月內減肥減最多，贏的人可以獲得美味的手工冰淇淋一公斤。後來是我同學贏了，Home媽傷心欲絕地說：「我每天都吃一盤生菜沙拉，怎麼還會胖？」梅麗莎回答她說：「妳加太多橄欖油了啦！一盤生菜而已，妳就一直倒、一直倒，油的熱量很高，還有那個水煮馬鈴薯也淋了超多橄欖油。」Home媽很驚訝地說：「橄欖油竟然有熱量？我從來都不知道！那不是天然有機的嗎！生菜不加橄欖油怎麼吃啊！」

說真的，不誇張，雖然我以前就聽說橄欖油的好處多到數不清；是單不飽和脂肪酸之一，可以減少不良膽固醇，內含的多酚類還可以降低血壓、降低癌症發病率等等。而且特級初榨橄欖油的多酚含量特別高，加上油酸就能防止低密度脂蛋白膽固醇發生氧化現象。

我周遭認識的西班牙媽媽每天進廚房用橄欖油煎炸煮拌烤，所有菜色都非得要加。她們還很熱中（或者說瘋狂）橄欖油的多用途。如果我哀哀叫曬傷了，叫我擦橄欖油就等於是敷了維他命E；如果我說肚子痛，叫我喝一「杯」橄欖油潤潤腸；如果我說牙齒痛，叫我用牙刷沾橄欖油按摩牙齦；如果我鞋子磨腳，要我抹一點橄欖油在鞋邊上；或者我抱怨記憶力衰退啦，就要我天天飯前喝一匙橄欖油。彷彿有什麼疑難雜症，一罐橄欖油就能解決所有問題。

　　橄欖油最初是用來做菜、點燈火和潤膚護膚用的，秋天橄欖收成後直接榨油，用石磨榨出液體，再用離心力分離出油、汁液和果肉。依照酸鹼度和純度分成四個等級，精純度由高至低是：特級初榨橄欖油Aceite de Oliva Virgen Extra、初榨橄欖油Aceite de Oliva Virgen、橄欖調和油Aceite de Oliva、橄欖果渣調和油Aceite de Orujo de Oliva。

　　通常等級越好的橄欖油，橄欖的味道越濃，油裡面帶有苦甘味，台灣人普遍接受度不高。可是吃過厲害的油，再吃普通的，味蕾就會告訴你很難再回頭了。

{麵包佐橄欖油} PAN CON ACEITE DE OLIVA

材料〔2人份〕

· 麵包片……適量（可以烤過或不烤，看個人喜好）
· 大蒜……1瓣（可省）　　· 橄欖油……適量

做法

1　麵包片平鋪在盤子上，淋上橄欖油即可享用。

2　還可添增蒜香味：大蒜切半，手指捏緊大蒜，把切面刷在麵包片上，最後淋上橄欖油。

Pan con
Aceite de Oliva

{麵包佐橄欖油}

RECIPE NO.14　西班牙的早餐就從橄欖油開始！
中餐和晚餐的麵包有時也會沾橄欖油一起吃。

RECIPE NO.15

{柳橙切片佐橄欖油}
Naranja con Aceite de Oliva

材料〔1人份〕

· 柳橙……1顆　　· 橄欖油……適量　　· 糖……適量

做法

1　柳橙去皮切薄片，撒上薄薄的糖，淋上橄欖油，即可食用。

{柳橙切片佐橄欖油}
Naranja con Aceite de Oliva

RECIPE NO.15 ：柳橙和橄欖油的香味很搭配，品質好的橄欖油還會帶些微的苦味，
但是柳橙的酸甜味會平衡嘴巴中的味道，因此吃起來是滑口的、不刺激的感覺。

RECIPE NO.16

{家常油醋沙拉} ENSALADA MIXTA

材料〔2人份〕

· 萵苣或生菜葉……適量
· 罐頭橄欖……8顆，切片
· 熟玉米粒……2大匙
· 莫札瑞拉乳酪……1/4顆，切碎
· 番茄……1/4顆，切薄片
· 橄欖油……3大匙
· 雪莉酒黑醋……3大匙
· 海鹽……少許

做法

1　大碗中放入生菜葉、熟玉米粒、莫札瑞拉乳酪塊、番茄薄片，撒上少許海鹽，淋上橄欖油和雪莉酒黑醋調味，輕輕翻動拌勻，試吃鹹度和酸度，看個人喜好調整。

2　呈盤後，撒上橄欖切片即可。

Ensalada Mixta

{家常油醋沙拉}

RECIPE NO.16　　橄欖油和醋是最普遍的醬汁，在西班牙很難得見到千島醬、和風醬的沙拉。
在餐廳或速食店點沙拉都有小包裝的油、醋和鹽可供顧客自行斟酌調味。

RECIPE NO.17

{加利西亞大章魚} PULPO A LA GALLEGA

材料〔3~4人份〕

· 生章魚……1公斤
· 海鹽……適量
· 紅椒粉……3大匙（用1匙辣味紅椒粉混合2匙甜味紅椒粉）
· 橄欖油……3大匙

Tip

△ 如果買新鮮的章魚必須放在冰箱冷凍庫超過20天，這樣煮出來的肉質才好入口，在西班牙超市通常可以找到冷凍過的章魚。

做法

1　章魚放在水龍頭底下沖洗，用手搓去章魚的黏液。

2　準備一鍋滾水，先把章魚腳燙好才開始煮牠。

3 用湯勺或是大夾子固定章魚，把章魚腳浸入滾水中，即刻撈起。重複三次以後，章魚的腳會捲起來，這樣就燙好了。

4 整隻章魚放進水中煮20分鐘，接著靜置在水中20分鐘。撈起即可食用。可以用牙籤插進最厚的部分，如果很輕易就插進去就是熟了。

5 用廚房剪刀剪開章魚腳，鋪在盤子上。撒上海鹽、紅椒粉和橄欖油調味。

6 這道菜吃熱的比較美味，加熱的方式是把章魚腳放入滾水中，再次沸騰就可以撈起來。

❸ 燙章魚腳的用意是因為煮過的膠質會跑出來，章魚腳會黏在章魚頭上，導致肉變很厚而需要長時間燉煮。

❻ 餐廳為求美觀，通常會把章魚倒扣在碗裡面放涼，等客人點才開始切片和加熱。一般只供應章魚腳，章魚頭會另外炒成下酒菜送給買酒的客人配著吃。在餐廳裡可以點一整份（Una ración）或是半份（Media ración）。

△ 有些地區會把馬鈴薯放進煮章魚的水裡面一起煮，熱呼呼的馬鈴薯塊淋上橄欖油和章魚一起吃

△ 章魚集會Fiesta del pulpo，各方遊客前來品嘗淋上橄欖油的水煮章魚。章魚雖然膠質豐富，但是吃起來乾澀，橄欖油可以讓口感更滑順。圖片來源：Turismo de Galicia。

{加利西亞大章魚}
Pulpo a la Gallega

RECIPE NO.17　到加利西亞自治區旅遊必點名產大章魚。
古代沒有冰箱，廚師為了讓章魚肉柔軟好入口，必須抓起章魚腳用力朝地上捶打99下。
據說也有人放入洗衣機的滾筒裡脫水，用離心力捶打章魚。

{ 醋漬海鮮 } SALPICÓN

材料〔2~4人份〕

- 熟章魚切片……100克
- 熟蝦……4隻，剝殼切大塊
- 熟淡菜……100克
- 熟龍蝦……1隻
- 洋蔥……半個，切小丁
- 青椒……1/4個，切小丁
- 紅椒……1/4個，切小丁
- 橄欖油……4大匙
- 醋……4大匙
- 鹽……適量

做法

1　先做醬汁，橄欖油和醋混合，加入洋蔥丁、青椒丁和紅椒丁，攪拌均勻後用少許鹽調味。

2　章魚片、蝦肉、淡菜、龍蝦肉放進醬汁中混合均勻，放入冰箱約20分鐘，冰鎮後取出即可品嘗。

△ 海鮮和蔬菜的份量依照個人喜好增減，很隨性的一道菜。在超市也可以找到一整盒已經幫顧客配好的混合海鮮，買回家煮熟即可享用。

△ 先調好醬汁，再放入海鮮料。留學生曾告訴我，冰涼的醬汁淋在熱白飯上非常美味，夏日最佳開胃良伴。

Salpicón 〔醋漬海鮮〕

RECIPE NO.18　　這道菜在西班牙各地皆有不同的食譜，我們做的是南北部混合版。
　　　　　　　　北部喜歡加龍蝦（Bogavante）和各種螃蟹肉，用大量的油和醋淹過所有食材；
　　　　　　　　南部則是加入很多蔬菜丁，用一點點油醋醬汁攪拌均勻。

PART FOUR

湯 SOPA

究竟是飲料還是湯？
來到西班牙顛覆喝湯的印象，
夏天能喝到冰涼沁脾的冷湯，
喝起來清爽卻不是清湯如水。
在餐廳點湯還可以選配料，
裡面有生火腿還有蔬菜丁，要咀嚼還是要喝？
就讓我們來分享「喝湯」這件事。

4-1

在西班牙的餐廳，
點一碗湯送上桌的是麵

在西班牙頭兩年都沒有在餐廳點過湯，因為我在台灣學習西語時聽外籍老師說西班牙人習慣喝濃湯，而不是像台灣人愛喝清湯、煲湯，吃完飯來上一碗清甜的湯去油解膩；或是冬天喝熱呼呼、熱辣辣的麻辣火鍋湯。我一直以為西班牙人是喝那種像玉米濃湯，有著濃濃奶油香、上面點綴著香草之類的湯，所以看著菜單常常覺得濃湯有什麼稀奇，難得出來吃飯就是要點沒吃過的菜色啊！常常就這樣直接略過湯的部分。

後來有幸到大廚工作的廚房打雜，才發現西班牙人非常愛喝燉湯，就是把整隻豬、牛肉、雞肉都丟進大鍋燉煮的大雜燴高湯（在馬德里叫做Caldo de cocido Madrileño，在加利西亞自治區叫做Agua de cocido）。北中南不同區域各有當地獨特的大雜燴食譜，一般來說，他們會把湯當作前菜，大雜燴的湯底加入細麵一起喝下肚。細麵的份量不多，稀疏的細麵反而讓湯有種舒服的口感，還有一點像麵線的感覺。

另外還有一道大蒜麵包湯。麵包湯就和細麵湯不同了，喝湯同時吃到泡得軟綿綿的麵包，喝下去感覺很有份量，很有飽足感。

所謂的濃湯，原來指的不全是麵糊和奶油的濃湯；還有把肉骨頭燉出濃重口味的燉湯。喝過西班牙湯的第一個念頭：真是相見恨晚啊！

△ 湯麵，湯裡的麵是有號數的，0號超細麵，1號細麵，2號微粗細麵，看個人喜歡的口感來選擇。攝影：黃嫦媛。

RECIPE NO.19

{雞湯} SOPA DE POLLO

材料〔4人份〕

· 全雞……1隻　　· 韭蔥……1根
· 紅蘿蔔……3根　· 0號細麵……適量
· 鹽……適量

△　西班牙的雞湯一般來說不放薑片，而是放韭蔥（Puerro）和其他蔬菜，喝起來有甜香味。

做法

1　全雞、韭蔥和紅蘿蔔放進湯鍋中，水淹過食材。開中火煮滾之後，轉中小火燉煮到雞肉變軟。

2　雞湯煮好後加鹽調味。

3　取出一部分雞湯，加入細麵，煮到麵條變軟即可。

{雞湯}
Sopa de Pollo

RECIPE NO.19 　熱呼呼的雞湯在冬天很常見。
　每當家裡有人感冒，胃口不佳的時候也會出現在餐桌上。

{ 大蒜麵包湯 } SOPA DE AJO

材料〔2人份〕

- 大蒜……5瓣
- 麵包半條……切塊
- 五花肉……100克，切絲
- 蛋……1顆
- 水或高湯……500毫升
- 橄欖油……2大匙

- 紅椒粉……1小匙
- 番紅花粉……1/4小匙
- 乾朝天椒……1顆（Guindilla，類似朝天椒的辣椒，可省）
- 鹽……適量

△　麵包可以是新鮮的也可以是隔夜的，放進湯裡面一起煮會吸飽湯汁。

做法

1　在小湯鍋中用橄欖油炒香大蒜和五花肉絲。

2　加入紅椒粉、番紅花粉和乾朝天椒拌炒均勻。

3　倒入水或高湯,煮滾。

4　麵包塊加到熱湯裡,煮滾後用鹽調味。

5　取出一些高湯倒入有深度的陶盤裡,直接開火加熱陶盤。煮滾後打一顆蛋在表面,
　　熄火蓋上鍋蓋或盤子把蛋悶熟。

② 大蒜炒到金黃色就可以加入調味料和水。

③ 湯變成很濃的橘紅色,看起來就很暖和。

Tip

④ 加入麵包塊後用鹽調味,我覺得稍微鹹一點比較好
　喝。煮的時候請多翻動麵包,因為很容易黏鍋。

⑤ 如果喜歡帶點蛋味,蛋黃不用悶到全熟,濃稠的蛋
　黃混合麵包一起吃很撫慰人心。

{大蒜麵包湯} *Sopa de Ajo*

RECIPE NO.20 ： 大蒜湯越燙越好吃，加入麵包一起煮，
喝完整個身體都會變得很暖和，而且很有飽足感。

4-2

吃完飯不喝湯

在台灣，吃完飯要把碗拿去洗碗槽的那瞬間，婆婆媽媽們總會叮嚀：「廚房瓦斯爐上還有一鍋湯喔，去喝一碗。」久而久之，我因此養成習慣，飯後就是要來一碗燙燙的排骨蓮藕湯。不管身體勞累還是精神疲累，熱湯就是我撫慰自己的好料。

△　冷湯，在餐廳點冷湯，有些餐廳會提供各種配料，由服務生幫客人加料。攝影：黃嫦媛。

有一次我和大廚瘋狂地決定驅車前往馬德里的駐台辦事處，來回車程約12個小時，兩個人都累得人仰馬翻。回家的車程中，我和大廚隨口提起好想喝碗熱呼呼的湯。沒想到大廚直接開去公婆家，然後請婆婆煮湯給我喝。上桌的時候，我懷著感激又雀躍的心情期待飯後那碗煲湯。然而，婆婆小心翼翼端了「一個盤子」給我，裡面裝著濃湯和細麵，她說：「快喝吧！孩子，等一下吃烤雞和馬鈴薯。」而我當下有點小小失望，還好馬上釋懷。哎呀！大廚從來沒有喝過台灣的煲湯，是我沒有說清楚我內心的渴望又怎麼能怪他們呢。

　　西班牙冬天喝熱湯的習慣，是類似暖胃的開場功能。一邊慢慢喝湯，一邊和家人閒聊，就能放鬆心情，好好享受一頓美味大餐。

　　那麼有名的西班牙冷湯又是怎麼一回事呢？我記得看過一部電影，講述德國廚師創業的故事，某客人去餐廳用餐，要求廚房加熱西班牙冷湯。服務生堅持不肯，客人還說：「就用微波爐加熱一下就好，我習慣喝熱湯。」讓主廚氣得吹鬍子瞪眼。

　　夏天的西班牙，高溫令人難以忍受，晚上11點都還感覺得到柏油路吸滿白天的陽光，穿涼鞋的腳還是會被燙到。冷湯用來消除暑氣，中餐、晚餐都很常見。光喝湯有些單調，還淋上橄欖油，撒點生火腿和切碎的水煮蛋增加口感和層次，非常特別喔！既然胃口已經從燥熱難耐被冷湯平靜下來，接著就可以吃主菜了。

◁　餐前喝湯，假日的家庭聚餐，天氣冷的時候也會煮個湯來暖胃。
攝影：黃娣媛。

{雜燴湯} AGUA DE COCIDO

材料〔1人份〕

- 大雜燴高湯……適量（做法請見7-3「大雜燴」）
- 馬鈴薯……2顆，削皮
- 乾白豆（Habas）……適量，需泡水24小時
- 乾鷹嘴豆（Garbanzos）……適量，需泡水24小時
- 高麗菜……1/4顆
- 油菜……1/2把

做法

1　湯鍋中放入浸泡過的鷹嘴豆和高湯，煮軟後放入浸泡過的白豆、馬鈴薯。等馬鈴薯煮透，放入高麗菜和油菜，煮到蔬菜完全變軟即可。

{雜燴湯}
Agua de Cocido

RECIPE NO.21　　燉煮過肉類的大雜燴高湯非常濃醇好喝，加入蔬菜、豆類和馬鈴薯更是增添風味。冬天時，有些西班牙家庭甚至每個星期吃一到兩次。

RECIPE NO.22

{ 西班牙番茄冷湯 } GAZPACHO

材料〔3~4人份〕

- 熟透番茄……6顆
- 青椒……半顆
- 紅椒……半顆
- 洋蔥……1顆
- 大黃瓜……半根
- 大蒜……2瓣
- 隔夜麵包……約4片
- 橄欖油……3大匙
- 蘋果醋……1大匙
- 鹽……少許

做法

1　番茄對半切，用搓絲板或磨起司板把果肉搓下來，剩下的番茄皮丟棄。

2　番茄泥、青椒、紅椒、洋蔥、大黃瓜、大蒜和麵包一起打碎成稀糊狀。

3　接著倒入橄欖油、蘋果醋，然後加點鹽調味，攪拌均勻。

4　番茄冷湯放進冰箱冷藏到冰涼即可飲用。

Gazpacho
{ 西班牙番茄冷湯 }

RECIPE NO.22　很多朋友第一次喝都會驚訝冷湯的口感，
蔬菜清爽的滋味加上橄欖油和鹽，其實充滿文化衝擊的味道。
夏天喝這道湯，會感覺從口腔開始清涼到體內，是去除暑氣最佳良方。

RECIPE NO.23

{ 哥多華番茄冷湯 }
SALMOREJO

材料〔3~4人份〕

· 熟透番茄……5顆
· 大蒜……1瓣
· 隔夜麵包……約100克
· 生火腿……適量,切丁
· 水煮蛋……適量,切丁
· 橄欖油……100毫升
· 鹽……少許

做法

1　番茄切對半,用搓絲板或磨起司板
　　把果肉搓下來,剩下的番茄皮丟
　　棄。

2　番茄泥、大蒜和麵包一起打碎成稀
　　糊狀。

3　接著倒入橄欖油並且加點鹽調味,
　　攪拌均勻。

4　把番茄冷湯放進冰箱冷藏到冰冷,
　　可以加上生火腿丁和水煮蛋丁一起
　　飲用。

Salmorejo

{ 哥多華番茄冷湯 }

RECIPE NO.23　　哥多華番茄冷湯的基底蔬菜比較簡單，吃的時候通常會配上很多料，
　　　　　　　　像是生火腿和切碎的水煮蛋，也有人會切大黃瓜丁、青椒丁和紅椒丁一起喝。

RECIPE NO.24

{ 韭蔥濃湯 } CREMA DE PUERROS

材料〔2~3人份〕

- 韭蔥……3根
- 馬鈴薯……4顆
- 橄欖油……3大匙
- 高湯……適量（可以用水代替）
- 鮮奶油或新鮮起司……適量（可省）
- 胡椒鹽……適量

△ 韭蔥是一層一層包覆成長的蔬菜，葉片底下藏著泥沙，所以要先清洗過才切碎。超市有單賣韭蔥白的部分，只要清水沖一下表面就可以。

做法

1　先仔細清洗韭蔥，在韭蔥綠色的部分切十字，接著拿到水龍頭底下沖洗藏在葉片下的泥沙。

2　湯鍋內倒入橄欖油，放入切碎的韭蔥和馬鈴薯，拌炒1至2分鐘。倒入冷水淹過蔬菜，用中火煮滾。

3　加入適量的胡椒鹽調味。

4　煮到韭蔥和馬鈴薯熟透，用電動攪拌棒打成濃湯糊。

5　想要口感非常滑順可以加入鮮奶油或新鮮起司一起攪打。

① 韭蔥是一層一層包覆成長的蔬菜，葉片底下藏著泥沙，所以要先清洗過才切碎。超市有單賣韭蔥白的部分，只要清水沖一下表面就可以。

③ 韭蔥和油炒過以後會散發很濃的香甜氣味，其實還蠻有台灣菜的味道。大廚忙著煮湯，而我卻掉進思鄉的情緒中啊。

{韭蔥濃湯}
Crema de Puerros

韭蔥濃湯是很多濃湯類的基礎湯底，加入橄欖油和炸麵包丁直接喝也可以。
原本我內心期待的是炒奶油糊加麵粉增稠的濃湯，
後來聞到炒韭蔥和橄欖油的香味，就深深地被這種自然的甜味吸引住。

{四季鮮蔬濃湯}
Crema de Calabacín y Zanahoria

材料〔2~3人份〕

- 韭蔥……3根
- 馬鈴薯……4顆
- 胡蘿蔔……3根
- 節瓜……1根
- 橄欖油……3大匙
- 高湯……適量（可以用水代替）
- 鮮奶油或新鮮起司……適量（可省）
- 胡椒鹽……適量

△　西班牙的胡蘿蔔是又細又短，台灣的胡蘿蔔個頭都很大，請以個人的喜好增減，書中提供的份量做為參考。

做法

1　湯鍋內倒入橄欖油，放入切碎的韭蔥和馬鈴薯，拌炒1至2分鐘。倒入冷水淹過蔬菜，用中火煮滾。

2　加入適量的胡椒鹽調味。

3　煮到韭蔥和馬鈴薯熟透，用電動攪拌棒打成濃湯糊。

4　想要口感非常滑順可以加入鮮奶油或新鮮起司一起攪打。

❹　加入鮮奶油的濃湯喝起來又多一點甜味，蔬菜的鮮甜和牛奶脂肪的甜味非常搭，也可以在喝之前滴個幾滴。

韭蔥濃湯的變化版是這道節瓜胡蘿蔔濃湯，
西班牙的蔬菜中，四季都買得到的莫屬這兩道材料了。

Crema de Calabacín
y Zanahoria {四季鮮蔬濃湯}

Arroz con calamar en su tinta

Morcilla

Arroz con Leche

Paella de Marisco

Bogavante con Arroz

Berberecho con Arroz

PART FIVE

 米

ARROZ

台灣人對西班牙美食的認識通常來自海鮮飯，
瓦倫西亞的特色菜。
由於中部種植大量稻米，
米飯是餐桌上常見的菜色。
他們不認識電鍋，
用大平底鍋把米炒一炒還放上很多配料，
當作配菜又可以當作甜點。
其實，西班牙米食文化說起來
跟台灣的習慣很相像。

5-1

西班牙人吃米跟台灣人吃米一樣多

前幾年我回台灣和朋友見面,她們問我:「西班牙好玩嗎?」我回答:「還不賴喔!歡迎來玩。」正想要好好推銷西班牙的景點,朋友卻問:「那吃飯會不會很不方便?妳吃的習慣嗎?」我一時之間不明白,原來是她們的先生習慣吃飯才會飽,飛機餐的話,一餐兩餐可能還沒關係。如果在西班牙用餐只有麵包可以配,找不到飯可以點,那先生們旅行的意願就會很低。我安慰她們:「喔!這不成問題,西班牙人吃很多米飯啦。」

西班牙人平常也吃白飯,只是他們不用電鍋蒸飯,而是用瓦斯爐煮飯。煮飯前先用油爆香大蒜,然後米也下鍋炒一下,再加水開始煮,然後還會再加點鹽調味。滋味當然是不太一樣,雖然加了鹽但是不會很鹹,稍微有點味道而已。通常主菜是燉牛肉、燉蔬菜,搭配一份蒜香米飯,有一點亞洲菜裡的咖哩飯或是燴飯;但是在西班牙人的飲食文化,燉肉配飯的米飯則是相當於配菜(Guarnición)的角色。

△ 西班牙人不習慣吃白米飯，他們喜歡加很多配料。圖片來源： www.turisvalencia.es。

大廚在婚後第一次吃到無鹽無油的白飯，他說很不習慣沒有味道的飯，吃壽司至少還是醋飯。而且西班牙人大多不會吃一口飯配一口肉，都是把肉吃光才接著吃飯，有先後順序。我覺得先吃完配菜，白飯到最後就乾吃，這樣的吃法我才不習慣呢！

　　如果你和我一樣，偏好炒飯或是燉飯，這種有醬汁味道的西班牙海鮮飯（Paella)，滋味真的非常多層次，變化多端。大廚工作的餐廳最受歡迎的就是龍蝦飯，點一鍋四五個人分食，其實份量不多，一人份才幾大匙。很多人把海鮮飯當作前菜，吃主菜以前吃點好消化的菜色，不像我們的文化是吃飯配菜。

　　本篇將介紹幾款常見的海鮮飯，每次大廚做海鮮飯，拍完照片。我一個人站在桌邊，拿著湯匙，也可以輕輕鬆鬆嗑掉半鍋，然後內心盤算著晚餐要吃另外半鍋。沒錯！都是我的。

　　西班牙的米食雖然不像台灣那麼豐富多元，但三餐仍可以找到米的蹤跡。像是早餐吃米香餅，有原味、鹽味、糙米，還有巧克力和白巧克力口味可以選擇，超市都買得到。另外還有米奶（Leche de arroz、Bebida de arroz），喝起來淡淡水水的，和熟悉的中餐米漿完全是兩回事。

　　午餐、晚餐或下酒菜可以吃到米血腸，甜點還有米布丁。米血腸類似台灣的豬血糕，口味比較鹹，外面多了一層腸衣，不用沾醬料就直接吃。米血腸也有做成甜的，裡面有葡萄乾和其他水果乾等配料。米布丁雖然名字是布丁，外表跟布丁沒什麼直接的聯想，香濃的甜米糊則是最傳統的甜點之一。

　　西班牙的米分為圓米（Arroz redondo）和長米（Arroz largo），圓米的口感比較黏，容易煮爛、煮糊；長米比較不吸水，煮起來粒粒分明，口感稍微硬一點。

　　如果對米的口感很要求，吃米成精的台灣朋友，在很多西班牙超市也找得到壽司米，這樣吃起來比較對胃口。

△　加利西亞的米倉。攝影：黃嫦媛。

{墨魚飯} ARROZ CON CALAMAR EN SU TINTA

材料〔4人份〕

- 墨魚……500克，切段
- 蝦仁……6隻
- 長米……320克（或Bomba米，在台灣的進口超市皆可找到）
- 洋蔥……半顆，切細丁
- 大蒜……2瓣，去皮拍碎
- 海鮮高湯……約3倍米量

- 橄欖油……2大匙
- 番紅花……少許
- 墨汁……10毫升
- 干邑……50毫升
- 乾朝天椒……1顆（Guindilla，類似朝天椒的辣椒，可省）
- 鹽……適量

△　通常直接使用墨魚的墨囊，另外，在超市冷凍櫃和魚販也有單賣墨汁的真空包。

做法

1 在平底鍋內用橄欖油炒香大蒜、乾朝天椒和洋蔥丁。

2 加入墨魚和蝦仁拌炒均勻，炒到半熟的時候倒入干邑。

3 倒入長米繼續拌炒到米粒呈現半透明。

4 倒入海鮮高湯和墨汁，煮滾後用番紅花和鹽調味。

5 轉成小火，煮到湯汁收乾，最後蓋上鍋蓋悶約15分鐘即可享用。

2 喜歡口感鮮嫩的蝦仁可以炒到半熟就先撈起來，等悶熟米飯的階段再擺進去一起悶。

Arroz con calamar en su tinta 〔墨魚飯〕

③ 長米炒到半透明就可以停手，把米和海鮮料均勻鋪平在鍋子內。

④ 墨魚經過翻炒香氣逼人，再加上海鮮高湯和墨汁會讓米飯更鮮、更好吃。

RECIPE NO.26 ⋮ 西班牙人吃墨魚飯習慣配上大蒜口味的醬汁Alioli才對味。

{米血腸} MORCILLA

材料〔1~2人份〕

· 米血腸……半條
· 橄欖油……少許

做法

1 米血腸切片約1.5~2.5公分厚。

2 平底鍋加一點點橄欖油,把米血腸切片放進去煎,中小火煎一面約1~2分鐘,兩面都煎到有點焦痕即可起鍋,不需要另外調味。

△ 西班牙的米血腸粗分三大類:裡面灌血和米;裡面灌血、肉和內臟;裡面灌血、葡萄乾、無花果乾和糖及香料。每個地區各有不同配方和風味,上圖是米血腸。

{米血腸} *Morcilla*

RECIPE NO.27 : 米血腸可煎可燉,要分辨哪一種要怎麼煮,
看尺寸可以大略區分:細小的是燉煮用,粗的通常切片煎過就可以吃。

{米布丁} ARROZ CON LECHE

材料〔5~6人份〕

- 蛋……1顆
- 白米……200克
- 糖……200克
- 奶油……1大匙
- 牛奶……1公升

- 肉桂棒……1枝
- 香草精……少許
- 黃檸檬皮……1片
- 柳橙皮……1片
- 肉桂粉……適量

△ 傳統甜食把果皮、香草和肉桂當作基礎香料三寶，道地的西班牙口味！

做法

1　牛奶、肉桂棒、黃檸檬皮和柳橙皮放入湯鍋中煮沸，並且靜置10分鐘讓牛奶吸收香料的味道。

2　撈起香料。

3　加入白米，用中火煮沸。轉成文火，煮約40~50分鐘。

4　最後加入香草精和糖。

5　離火，加入奶油攪拌均勻，放涼。

6　讓米布丁降溫到65℃左右，打入一顆蛋，迅速攪拌均勻就完成了。

7　食用前撒上肉桂粉。

❸　西班牙的米大約分成長米和圓米，長米通常用來做海鮮飯、煮鹹的，圓米則是做甜點居多。

Tip

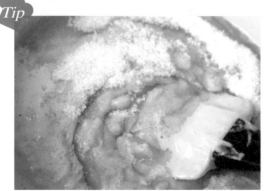

❹　一般甜點都是把糖放到牛奶裡面一起加熱，這道甜點卻是等米糊煮好才加。如果燉煮的時候就加糖會很容易燒焦，米也很難煮到熟透。

❻　油和雞蛋的作用都是讓口感更加滑順，要注意的是米糊一定要降溫到65℃，這樣蛋打下去才不會變蛋花。

{米布丁} *Arroz con Leche*

RECIPE NO.28　雖然中文譯名叫布丁，實際上吃起來就是奶香濃厚的甜米糊。
這道甜品可以吃微溫或是放涼了吃。

5-2

生米煮成熟飯，西班牙海鮮飯的祕密

據說西班牙第一鍋海鮮飯是18世紀在瓦倫西亞開始的，當地稻田幅員廣大，是全國稻米供應的來源。起初的海鮮飯是用柴火燒烤而成。親朋好友趁著節慶和假期，在戶外悠閒地邊吃邊聊，連盤子都不用準備，大夥直接拿湯匙從大鍋子裡挖來吃。

到現在，大家還是認為用柴火燒烤的海鮮飯最香、最傳統、最道地。因為柴火有個特性，就是燒起來火力非常旺，燒到到後來沒有火焰只剩熱度，用來煮飯最為適合。

當柴火點燃開始發出劈哩啪啦的聲響，把大平底鍋架在柴火上，熱鍋以後倒入橄欖油，接著放入蝸牛、雞肉（或其他家禽肉）和兔肉，倒下冷水，利用猛烈的大火煮出高湯。接著舖好米，就等柴火熄滅，讓餘溫把米煮熟。

△　親朋好友分享海鮮飯。圖片來源：www.turisvalencia.es。

{西班牙海鮮飯} Paella de Marisco

材料〔4人份〕

- 挪威海螯蝦……4隻
- 白蝦……12隻
- 小甜蝦……12隻
- 海蛤……40顆
- 淡菜……12顆
- 花枝……1隻，洗淨切段
- 鮟鱇魚肉……150克，切大塊
- 雞腿……1隻，切大塊
- 紅椒……1/4顆，切小丁
- 大蒜……1瓣，拍碎

- 長米……320克（或Bomba米，在台灣的進口超市可找到）
- 高湯……約3倍米量（可以用市售高湯，雞肉或海鮮口味）
- 番茄糊……3大匙
- 乾朝天椒……1顆（Guindilla，類似朝天椒的辣椒，可省）
- 番紅花……適量
- 橄欖油……2大匙
- 鹽……適量

◁　海鮮飯在西班牙全國傳遍、聲名大噪以後才加入大量海鮮當配料，現今有些食譜仍然堅持加入牛肉和兔肉一起煮。

做法

1　一開始先熱鍋熱油，把挪威海螯蝦、白蝦和小甜蝦煎到殼變紅色，馬上盛起備用。

2　不需要洗鍋，再加入1大匙橄欖油，煎雞腿肉。表面全部煎成金黃色時，大蒜和乾朝天椒一起加入拌炒。

3　再把鮟鱇魚塊、花枝圈、紅椒丁放入鍋中一起拌炒約1分鐘。

4 倒入番茄糊,拌炒到均勻。

5 倒入高湯,捻一小撮番紅花調味。中火煮至沸騰,加入少許鹽調整鹹度。

6 加入長米,用湯勺把米平均鋪散在平底鍋中,接著用中火或大火煮約6分鐘。

7 煮米的過程中把淡菜和海蛤放在米的上面,貝類很快就開口。再擺上最早先煎過的挪威海螯蝦、白蝦和小甜蝦。

8 6分鐘到,轉成文火再煮到湯汁收乾。

9 關火,靜置5分鐘即可上桌享用。

① 海鮮的種類和數量憑個人喜好來選擇,西班牙超市的冷藏櫃和冷凍櫃都有一盒多種類的海鮮,用來做海鮮飯或海鮮湯的組合包。

③ 西班牙人喜歡吃燉過的花枝,因此花枝會留在高湯裡一起煮。台灣人則喜歡口感鮮嫩,可以炒半熟就撈起來,等最後擺盤再放。

⑤ 超市買一般價位的番紅花只一小撮就可以讓海鮮飯美味無比,高價位的番紅花大概只需要6~8根花蕊即可。

⑥ Bomba米是做海鮮飯最好吃的米,西班牙的超市都可以買到。米撒入鍋內只要稍微鋪平就不要再翻動了,把米的外型攪壞就會變成燉飯或稀飯的口感,海鮮飯的米飯口感應該是吸飽高湯卻粒粒分明。

Paella de Marisco

{ 西班牙海鮮飯 }

瓦倫西亞的名產就是海鮮飯，
Paella不是這道料理的名字，而是大平底鍋的意思。

{龍蝦飯} BOGAVANTE CON ARROZ

　　龍蝦的西語是Langosta，西班牙的龍蝦通常是進口的，肉質較乾澀，價錢也便宜很多；西班牙國產的Bogavante則是龍蝦的親戚，肉質彈牙，風味強烈，一公斤從25歐元到40歐元不等。兩者外表其實可以用肉眼分辨出來，但是台灣把兩者都叫龍蝦，大多數餐廳採買的時候也不會分得那麼清楚，因此我們就把這道菜稱為龍蝦飯。不過，來西班牙旅遊千萬別點錯喔！

材料〔2人份〕

- 龍蝦……1隻，約500克
- 大蒜……1瓣，拍碎
- 長米……200克（或Bomba米，在台灣的進口超市皆可找到）
- 海鮮高湯……約3倍米量（可用市售高湯，或是把蝦頭、韭蔥炒過後燉煮成高湯）
- 干邑……50毫升
- 乾朝天椒……1顆（Guindilla，類似朝天椒的辣椒，可省）
- 番紅花粉……適量
- 橄欖油……適量

△　我們拍攝的時候，龍蝦不停地想逃出大鍋，要一直把牠抓回來。
能嘗到大廚做的龍蝦飯，讓我既興奮又期待。

做法

1 龍蝦切塊如下圖，頭部對剖，尾部每一節都切開，雙螯的殼用槌子敲碎。

2 在大鍋中加入橄欖油，炒香大蒜和乾朝天椒。

3 接著把龍蝦塊下鍋煎表面，直到龍蝦肉稍微有煎痕，裡面還沒有熟，龍蝦殼大部分從藍轉紅。（龍蝦汁液等一下再加。）

4 加入干邑，點火讓干邑燃燒。

5 加入長米一起拌炒到米的表面開始呈現透明狀。

6 倒入海鮮高湯，等到沸騰的時候，撒上番紅花粉，用鹽調味。小心地翻炒高湯和米。

7 接著轉成最小火讓海鮮飯慢慢收汁，時間大約15分鐘，不需要在中途翻動它。最後關火，蓋上鍋蓋靜置5分鐘。

❶ 切龍蝦時會有很多龍蝦的汁液，最好都留著一起煮，更入味。

❸ 光是煎龍蝦就可以聞到龍蝦天然的鹹香味，令人垂涎啊！

❹ 以用點火器或打火機點燃干邑。

❺ 小心拌炒長米到呈現透明狀。

Tip

❻ 高湯的水量是米的3倍。

❼ 喜歡吃帶有湯汁、類似燉飯的濕潤口感，可以點caldoso-濕潤的飯。喜歡米飯粒粒分明，可以點seco-乾飯。當然也可以點ni fu ni fa-不濕也不乾，介於兩者之間的口感。

{ 龍蝦飯 }
Bogavante con Arroz

RECIPE NO.30　　龍蝦飯是大廚的拿手菜,幾乎每桌客人都會點,最少二到三人份。
一般當作前菜,多人分食一鍋,一個人只會吃到一點點,
接著再吃煎魚或牛排等主菜。

RECIPE NO.31

{ 海蚶飯 } BERBERECHO CON ARROZ

材料〔2人份〕

· 海蚶……400克
· 青椒……半顆，切小丁
· 紅椒……半顆，切小丁
· 大蒜……1瓣，拍碎
· 長米……200克（Bomba牌長米，在台灣的進口超市可找到）
· 冷水……約3倍米量
· 乾朝天椒……1顆（Guindilla，類似朝天椒的辣椒，可省）
· 番紅花粉……適量
· 橄欖油……適量
· 鹽……適量

做法

1 大鍋中用橄欖油炒香大蒜和朝天椒。

2 放入青椒丁、紅椒丁、長米一起拌炒到長米的表面呈現透明狀。

3 倒入冷水，等到水沸騰的時候，加入番紅花粉、鹽調味。

4 再次煮沸的時候，轉成小火煮10分鐘。

5 海蚶鋪在米飯上，蓋上鍋蓋，悶煮5分鐘即可。海蚶最後才放，這樣蚶肉才不會過乾過老，縮成乾癟就不好吃了。

△ 海蚶買回來不必吐沙，魚販都已經處理好了。

② 青椒、紅椒和長米一起翻炒。

③ 水量是米的3倍。這道海鮮飯通常是吃濕潤的口感，不會煮到有鍋巴，最後用海蚶的湯汁潤澤米飯。

{海蚶飯}
Berberecho con Arroz

RECIPE NO.31

海蚶的味道比較接近海瓜子。
這道海鮮飯建議用海瓜子或大顆的河蜆取代,鮮味比較明顯。

攝影：Lo Studio

Almejas al Ajillo

Almejas a la Marinera

Guiso de Pescado

Pescado al Horno

Mejillón Tigre

Navajas a la Plancha

Vieira al Horno

Camarón cocido

Berberecho al Vapor

PART SIX 海鮮
MARISCO

北部的海鮮遠近馳名，
歐美人來旅遊都指名大啖海鮮，
西班牙烹調海鮮有一套！
保持原汁原味還加上燉烤。
吃完生猛好料帶上海鮮罐頭繼續回味，
海鮮罐頭製造業的龍頭非西班牙莫屬，
從 1 歐、2 歐到上百歐的罐頭都可以見到。

一天一海水，醫生遠離你！
討海人的船食有神奇療效嗎？

△　漁夫在淺灘撈捕海蛤。圖片來源：Turismo de Galicia。

每當大兒子感冒，公公帶他去海邊散步，我擔心他明明感冒又去吹風，這不是讓病情更惡化嗎！公公和大廚卻認為吹吹海風有助於復原，還異口同聲說：「妳有看過漁夫感冒的嗎？」此話一出，住在小島幾年，我是真的沒看過打噴嚏咳嗽、頂著紅通通鼻子的漁夫。

之後我被他傳染，鼻塞了好多天，晚上睡不著更是讓我心情煩悶。大廚去藥房買一罐海水要我噴洗鼻子，他說洗個兩三次就會通，果真是這樣沒錯；海風和海水在我們身上還蠻管用的。

有一天，大廚下班回家還帶了一個綠色的箱子說要給我煮飯用。我一開始以為是白酒，打開來看發現是海水。原來小島有一家專賣海水的公司，靠海賣海，可說是絕妙的點子！他們把海水淨化裝箱賣給餐廳、醫院、養殖場等地方，全國通路都可以買。

△　用100%濃度的海水煮螃蟹（buey de mar），放月桂葉去腥。

箱裝海水分成各種濃度，有各種不同的用途；用在烹飪上，直接倒出來100%濃度的就可以煮海鮮，俗話說原汁化原食，用海水煮海鮮更能突顯海鮮的鮮味。35%濃度的用來煮魚和馬鈴薯，30%濃度的煮蔬菜，25%濃度的煮肉類和義大利麵，20%濃度則煮米飯，15%的海水則可以噴在沙拉葉上，這樣就不用額外撒鹽調味。

　　西班牙除了生猛海鮮可以在當地享用，海鮮罐頭在歐洲早已聲名遠播。早期沿海附近有很多罐頭工廠，現在只剩下主要幾間大廠還在運作。海鮮罐頭的種類很多，像是淡菜、海蛤、海蚶、竹蛤、蝦、沙丁魚、鮪魚、鯖魚等基本款，另外還有章魚、海膽、鮟鱇魚肝、墨汁花枝、鰻魚、龜腳（Percebe）、扇貝、螃蟹、狗鱈魚卵，以及海藻等等。一般來說有鹽水、橄欖油、蒸海鮮、茄汁等口味。

　　海鮮罐頭的價位從兩三歐元到上百歐元不等，價位是如何區分的呢？以貝類罐頭來說，罐頭盒上會有一組數字，像是12/12、8/10等，後面的12或10代表一個罐頭裡面可以裝12隻淡菜或10顆扇貝。前面的12和8則表示尺寸，有12隻淡菜或8顆扇貝裝在裡面；前面的數字越小，表示淡菜或扇貝的個頭越大，價位也越高。以沙丁魚罐頭來說，沙丁魚尺寸越小隻滋味越好，還可以連骨頭吃，西班牙人視為珍品，價格會比較高。鮪魚罐頭則是看鮪魚的部位，整塊的背肉魚排價位就貴了。

△　橄欖油漬沙丁魚罐頭，放在切片麵包上一起吃或是做成潛艇堡也很美味。

△　鮪魚魚排罐頭，通常做潛艇堡或是和沙拉拌在一起。

△　紅椒粉橄欖油漬淡菜罐頭，打開直接吃就可以。

{蒜油海蛤} ALMEJAS AL AJILLO

材料〔2~3人份〕

- 海蛤⋯⋯500克
- 大蒜⋯⋯3瓣，剝皮拍碎
- 低筋麵粉⋯⋯1大匙
- 白酒（DRY）⋯⋯100毫升
- 乾朝天椒⋯⋯少許（Guindilla，類似朝天椒的辣椒，可省）
- 新鮮巴西里⋯⋯適量，切碎
- 橄欖油⋯⋯1大匙

△ 這道菜色不需要添加鹽分，吃起來只有海蛤本身的微微鹹味，主要還是白酒和大蒜帶出來的醬汁香氣。

做法

1　在淺鍋內用橄欖油爆香大蒜和乾朝天椒。

2　放入海蛤，接著放入低筋麵粉，快速攪拌食材，避免麵粉結塊。

3　倒入白酒和巴西里碎屑，繼續攪拌直到均勻就可以停手讓湯汁煮沸。

4　等到所有海蛤都開口，即可上桌享用。

❶ 爆香大蒜時需要小心照顧，大蒜燒焦會有苦味。可以接受辣椒香氣的話一定要放辣椒，省略真的會少一味！放一顆吃起來其實一點也不辣，卻很香

❷ 讓麵粉、油、海蛤的汁液混合在一起，成為濃稠的醬汁。

❸ 醬汁煮滾以後，只要海蛤一開口就可以馬上盛起來。

{蒜油海蛤}
Berberecho con Arroz

RECIPE NO.32 　西班牙平常講蛤（Almeja）大多是海裡面捕撈的，另外還有幾大類在餐廳可以點的，
像是紅蛤（Almeja roja）或金蛤（Almeja rubia）就是河裡的，
印度尼西亞蛤（Almeja japónica）的蛤肉比較瘦小，
平蛤（Almeja fina）則是適合生吃，價位較高。

{ 漁夫海蛤 } Almejas a la Marinera

材料〔2~3人份〕

· 海蛤……500克
· 大蒜……1~2瓣，剝皮拍碎
· 洋蔥……少許，切小丁
· 低筋麵粉……1大匙
· 白酒（DRY）……100毫升
· 乾朝天椒……1顆（Guindilla，
  類似朝天椒的辣椒，可省）
· 新鮮巴西里……適量，切碎
· 紅椒粉……1小匙
· 橄欖油……1大匙

△ 和上一道蒜油海蛤不同的是，增加了洋蔥和紅椒粉，
大蒜可以少放一點，才不會搶走整體風味。

做法

1 在淺鍋內用橄欖油爆香大蒜和乾朝天椒。

2 加入洋蔥丁繼續爆香。

3 放入海蛤，接著放入紅椒粉一起拌炒均勻。

4 加入低筋麵粉，快速攪拌食材，避免麵粉結塊。

5 倒入白酒和巴西里碎屑，繼續攪拌直到均勻就可
  以停手讓湯汁煮沸。

6 等到所有海蛤都開口，即可上桌享用。

❷ 爆香洋蔥時要注意火候，火可以小一
點，避免洋蔥太快焦糖化而焦黑。

❹ 紅椒粉也是很容易燒焦產生苦味的調味料，
做這道菜最好可以先把所有材料都準備好，
一開火就不要停手一直攪拌就對了。

❺ 終於等到最後的步驟，過程中我要壓
抑極度滿溢的口水還要一邊拍照，真
的痛苦難耐！

Almejas a la Marinera

{ 漁夫海蛤 }

RECIPE NO.33　　眾多海鮮料理中我的最愛非它莫屬，
常常是麵包沾醬汁吃光光，我還會把盤子端起來就口直接喝醬汁，
吃到盤底朝天才罷休，實在太好吃了！

{燉魚鍋} GUISO DE PESCADO

材料〔2~4人份〕

- 狗鱈魚排……4塊
- 洋蔥……1顆，切絲
- 青椒……半顆，切絲
- 紅椒……半顆，切絲
- 豌豆仁……半杯
- 馬鈴薯……3顆，削皮切厚片
- 大蒜……2瓣，切末
- 高湯……適量
- 白酒（DRY）……30毫升
- 橄欖油……3大匙
- 紅椒粉……1大匙
- 鹽……適量

◁ 西班牙的冷凍
魚貨是主婦的
好朋友，價格
便宜，魚排沒
有刺又切得很
漂亮，解凍就
可以煮食。

做法

1 在狗鱈魚排上撒少許鹽，
備用。

2 用橄欖油炒香大蒜，接著
把洋蔥絲、青椒絲、紅椒
絲一起下鍋拌炒到軟。

3 加入紅椒粉、白酒，攪拌
均勻。

4 倒入高湯，煮沸後加入豌
豆仁和馬鈴薯厚片煮大約
15分鐘。

5 狗鱈魚排放進鍋中，轉小
火，蓋鍋蓋煮約10分鐘，
魚肉熟透即可起鍋。

② 西班牙的菜色基底醬汁離不開
洋蔥、青椒和紅椒，光是這三
種材料就變化多端。

④ 馬鈴薯厚片等會還要跟魚排一
起煮，在這個階段不需要煮到
軟爛，差不多熟，中間可能還
有點硬，這樣就可以。

Tip

⑤ 高湯的高度最少要到魚排的一半高，不夠的話還要倒一
些煮滾的高湯。煮的期間盡量不要用湯勺攪拌，而是平
行搖晃湯鍋，這樣魚排不會散開，鍋底也不會燒焦。

{燉魚鍋}
Guiso de Pescado

{香味烤魚} Pescado al Horno

材料〔2~4人份〕

- 金頭鯛……2尾
- 紅椒……1顆，切絲
- 洋蔥……1顆，切絲
- 馬鈴薯……3顆，削皮切厚片
- 檸檬切片……2片
- 白酒（DRY）……30毫升
- 橄欖油……3大匙
- 炸油……適量
- 高湯或冷開水……適量
- 紅椒粉……2大匙
- 細麵包粉……2大匙
- 鹽……適量

△　金頭鯛（Dorada）是西班牙超市常見的魚，魚刺少，肉質細嫩。

做法

1　烤箱180℃預熱。

2　用水沖洗馬鈴薯厚片，去掉表面澱粉，接著瀝乾水分。

3　熱一鍋炸油約160℃，把馬鈴薯厚片油炸至表面金黃，撈起備用。

4　金頭鯛魚身上畫一刀，撒上少許鹽，備用。

❹　在西班牙買魚，魚販會把背鰭、胸鰭、腹鰭和尾鰭剪掉；如果你說回家要用煎的，他還會把魚頭對剖，可以整尾攤開來煎。

5 在烤盤上鋪上洋蔥絲、紅椒絲，倒入橄欖油和白酒。放進烤箱烤約15分鐘，直到蔬菜烤軟。

6 取出烤盤，再鋪上馬鈴薯厚片。倒入冷開水淹過馬鈴薯厚片，用少許鹽調味。再放進烤箱烤約10分鐘。

7 等烤盤中的水沸騰，取出烤盤。放上金頭鯛，並在切口插上檸檬片。

8 紅椒粉和細麵包粉混合，撒在魚和馬鈴薯片上。

9 最後再放進烤箱烤約15分鐘，魚肉烤熟即可。

⑤ 陶瓷烤盤或是焗烤通心粉的深盤都適用，高度要夠高，醬汁就不會在烤的時候沸騰滿溢出來。

⑥ 炸馬鈴薯厚片雖然多一道手續，可是比較快烤熟，而且口感不至於爛糊，會QQ的，搭配細嫩的魚肉比較好吃。

⑨ 烤魚的最後15分鐘內要把醬汁舀出來澆在魚身上兩三次，可以避免燒焦。

{ 香味烤魚 }

Pescado al Horno

RECIPE NO.35 清淡美味的烤魚，
可以換成個人喜好的魚，
最好選擇整條魚，
而非魚塊或輪切片。

6-2

鮮甜好滋味，婚禮節慶必吃好料

中文裡，海鮮泛指所有海裡面的生物，如魚、蝦、貝類都囊括其中。而西班牙文的海鮮（Marisco）只有包含蝦、貝類、花枝等，魚（Pescado）則不完全算是海鮮。海鮮一般價位比魚高，夏冬兩季更是翻倍在賣。夏天有很多歐洲內陸觀光客特地來西班牙吃海鮮，冬季因為聖誕節家族聚餐，海鮮通常也是饗宴不可或缺的主角。

西班牙的婚宴、天主教受洗日、生日是與親朋好友大吃大喝的好理由。尤其是婚宴，如果頭盤是一連兩三盤海鮮，甚至是海鮮自助餐吃到飽，就可以看出這個家族的派頭和社會地位。

◁ 西班牙的海鮮種類
豐富。圖片來源：
Turismo de Galicia。

{鑲填老虎淡菜} MEJILLÓN TIGRE

材料〔20顆〕

・淡菜……500克　・青椒……半顆，切小丁　・洋蔥……半顆，切小丁
・新鮮或乾燥的月桂葉……2~3片　・辣味紅椒粉……1小匙
・乾朝天椒……1顆（Guindilla，類似朝天椒的辣椒）
・冷水……500毫升　・麵粉……65克　・橄欖油……2大匙　・鹽……適量
・麵粉……適量　・蛋……1顆　・細麵包粉……適量　・炸油……適量

△　清洗淡菜除了用手拔去外殼纏繞的藻類，藤壺等附著物要用鋼刷或小刀剔除。

做法

1　淡菜放入湯鍋，加入冷水約1公分的高度，放入月桂葉，蓋上蓋子開中火。當水煮滾，蓋子掀一點細縫以免湯汁溢出，接著煮到淡菜殼打開。

2　取出蛤肉，切碎備用。

3　在平底鍋中炒香洋蔥丁、乾朝天椒，接著放入青椒丁一起拌炒。

❶　淡菜煮過以後如果沒有打開，就代表裡面蛤已經不新鮮，可丟棄。

4　撒上麵粉攪拌均勻，再分次倒入冷水，持續攪拌到成為糊糊狀。

5　倒入碎淡菜攪拌均勻。

6　用辣味紅椒粉和適量的鹽調味，試吃鹹度並做調整，就可以放涼填餡。

7　填餡前取出乾朝天椒。

8　用餡料填滿淡菜殼。

9　準備三個淺盤，分別裝好蛋汁、麵粉和細麵包粉。

10　鑲填好的淡菜依照麵粉、蛋汁和細麵包粉的順序裹好麵衣。

11　熱一鍋炸油至160℃，老虎淡菜放進去油炸。因為餡料都是熟的，只要油炸表面的麵衣直到金黃色即可撈出食用。

④　撒麵粉後要不停攪拌，麵粉和餡料一定會結塊，倒入冷水也要持續攪拌。

⑥　餡料大約是這樣的糊狀，濕濕軟軟的，放涼就會變得較有硬度。

⑧　耐心裝填餡料，表面抹平整即可。

⑩　淡菜在麵粉裡滾一圈，接著浸上蛋汁，最後裹細麵包粉。

{鑲填老虎淡菜} *Mejillón Tigre*

RECIPE NO.36 這道菜可以說是西班牙版可樂餅，把餡料換成淡菜，
而且連著淡菜殼一起油炸，帶有些微的辣味，
適合當下酒菜、野餐和各種聚會的小點心。

{香煎竹蛤} NAVAJAS A LA PLANCHA

材料〔2人份〕

· 竹蛤⋯⋯500克

· 檸檬⋯⋯1片

· 橄欖油⋯⋯1大匙

◁ 除了竹蛤，其他貝類、龍蝦也可以煎過淋上橄欖油和檸檬汁一起吃。

做法

1 在平底鍋放約1大匙油，等油熱就可以煎竹蛤。

2 等到竹蛤的殼打開，翻面讓蛤肉油煎一下，稍微上色就可以起鍋。

3 食用前淋上檸檬汁和橄欖油即可享用。

{香煎竹蛤}

Navajas a la Plancha

RECIPE NO.37 竹蛤的肉質和其他貝類比起來較為韌口，滴上新鮮的檸檬汁和橄欖油一起吃，是西班牙標準享受海鮮的方式。

RECIPE NO.38

﹛烤扇貝﹜ VIEIRA AL HORNO

材料〔3人份〕

- 扇貝……3顆
- 牛奶洋蔥……1顆（使用一般洋蔥的話，需要加一點點糖來降低洋蔥刺激的味道）
- 白酒（DRY）……125毫升
- 鹽……適量
- 半顆檸檬……擠汁
- 白胡椒粉……少許
- 橄欖油……50毫升
- 細麵包粉……適量

△ 扇貝價格較貴，很多人也會用便宜的Zamburiña代替；是一種類似扇貝的品種，尺寸小很多，味道也比較淡。

做法

1 洋蔥細絞成泥。

2 平底鍋倒入橄欖油，油熱以後加入洋蔥泥小心拌炒，炒到洋蔥泥揮發大部分水分，開始變濃稠就可以調味。

❶ 使用食物調理器絞碎洋蔥。有時候買到的洋蔥，一切開就讓人眼淚直流，這次大廚用機器絞一樣也是淚流滿面，睜不開眼，這個時候用水洗一洗雙手，眼睛馬上就能睜開了，雖然還是淚流不止，至少工作可以繼續。

3　加入白酒和檸檬汁，拌炒到收汁，起鍋前加入適量的鹽和白胡椒粉。

4　熱的洋蔥泥直接鋪在扇貝上。

5　最上面撒上薄薄的細麵包粉。

6　烤箱用150℃烤約15~20分鐘，直到洋蔥泥看起來像煮沸，呈現美麗的
　　金黃色就完成了。

❸　完成的洋蔥泥，除了扇貝也可以
　　用在淡菜上。

❻　烤扇貝斷面秀，烤過的扇貝湯汁
　　可以用麵包沾取來吃，麵包吸飽
　　鮮美的味道，微微的酸和微微的
　　鹹真的特別對味。

Vieira al Horno 〔烤扇貝〕

RECIPE NO.38 ：清爽的烤扇貝，有別於台灣人常吃的白醬焗烤，沒有起司和鮮奶油等濃郁的奶味，只有微酸的洋蔥醬襯托出來自大海的鹹香鮮味。

Camarón cocido

﹝水煮小紅蝦﹞

RECIPE NO.39 ┊ 小紅蝦可以熱熱地吃，也可以放涼吃，一邊剝殼一邊聊天是吃小紅蝦的樂趣之一。
┊ 小紅蝦的價格不斐，一公斤從18歐元到55歐元不等，
┊ 越大隻越貴，又以夏天時的價位最高。

{ 水煮小紅蝦 }
CAMARÓN COCIDO

材料〔2~3人份〕

· 小紅蝦……1公斤
· 海鹽……1把
· 月桂葉……數片

△ 生的小紅蝦約3~8公分大小，傳統市場或魚舖才買得到，超市幾乎找不到。一邊拍照一邊提防小紅蝦跳出來撞到鏡頭，花了點時間。

做法

1　一鍋水煮滾，放入一點鹽和月桂葉。

2　接著放入小紅蝦，等顏色一轉紅馬上撈起。

3　桌面鋪上薄薄的海鹽，把小紅蝦放在海鹽上，放涼就可以吃了。

{ 蒸海蚶 }

Berberecho al Vapor

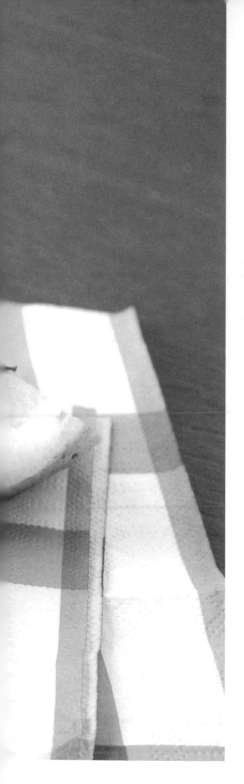

RECIPE NO.40

﹛蒸海蚶﹜
BERBERECHO AL VAPOR

材料〔2人份〕

· 海蚶……200克

做法

1　熱一個淺鍋。

2　海蚶放進去，蓋上鍋蓋。

3　等到海蚶的殼開始打開一點點，
　　即刻關火，悶一兩分鐘讓所有的
　　海蚶開口即可。

RECIPE NO.40　做法簡單的蒸海蚶，
只要掌控好時間就很美味。
如果蚶肉和殼分離，
就代表蒸過頭了，肉質也變硬。

Churrasco

Jamón con Melón

Croquetas de Jamón

Huevos al Plato Flamenca

Ossobuco

Callos a la Gallega

Cocido

Flamenquín

Pollo al Chilindrón

Lentejas

PART
SEVEN

肉
CARNE

家喻戶曉的伊比利豬，來自南部安達魯西亞區，

最頂級的生火腿、香腸、冷肉醬和生鮮肉品都是西班牙人的心頭好。

北部的牛肉也不遑多讓，燉煮或火烤，滋味一流。

還有油金肥嫩的雞肉，家常菜的必備食材，

怎麼買、怎麼選、怎麼點菜，請大家看下去。

7-1

大口咬定夏日肉肉大餐

大約5月開始，我發現身旁的西班牙人一個一個慢慢地消失。不管是去銀行或公司行號，總有幾個人員已經按耐不住內心嚮往夏天的渴望，開始休假去沙灘曬太陽。7月到9月，常常覺得自己住在空城空鎮，路上沒有人影，大夥通通擠在海邊休閒。一般來說，他們會自己帶個三明治、水煮蝦配美乃滋、飲料就去海邊晃一整天，而年輕人的休閒還包括在大自然裡架上烤肉網烤肉；一邊打沙灘排球排遣時間，一邊等肉烤好，是西班牙式永遠不退流行的愛好。

我強烈地建議大家，在西班牙的夏天假期中最少要吃上一次烤肉，不管是自己在家裡庭院烤、約三五好友到海邊烤，還是去餐廳點烤肉都很常見。傍晚到凌晨（我沒有誇張，朋友約烤肉常常是晚上11點開始烤），走在街上隨時都會飄來烤肉香，很難抵抗這香噴噴的誘惑。西班牙式的烤肉若烤得好，吃起來不油不膩，炭火會把油脂逼出來，皮脆肉軟真好嚼。

△ 這麼豐盛、龐大的烤肉就是西班牙最道地的風味，快來市集品嘗美味的肉品吧。攝影：Poppy Shen沈佑錚。

｛西班牙式烤肉｝CHURRASCO

材料〔4人份〕

- 小春雞……1隻，剖成兩半
- 生紅腸（Criollo……rojo）……3條
- 生香腸（Criollo）……2條
- 豬肋排……1副
- 五花肉……7片
- 鹽……適量
- 沾醬Chimichurri……適量

△　圖右是來自阿根廷和烏拉圭的沾醬Chimichurri，廣受西班牙人喜愛成為烤肉必備沾醬，不會塗在肉上一起烤。調味只用鹽就能帶出肉的原汁原味。肉品還可以加入豬里肌、牛小排、兔肉、馬鈴薯和洋蔥。

做法

1　肉品不需要隔夜醃製，烤前撒上薄薄的鹽即可。

2　升起炭火，待大火熄滅，把肉放在烤架上燒烤。

3　如果冒起火苗，用噴水器讓火勢變小。

4　燒烤時間約半小時，期間需要不停翻面。

△　早期家用烤爐是洗衣機內的滾筒製成，物盡其用，長輩家幾乎都是用這款，還可以加一面鐵板改造成煎爐台。

Churrasco 〔西班牙式烤肉〕

RECIPE NO.41　　豪邁的烤肉搭配沾醬是最道地的吃法，
另外搭配油醋沙拉或是炸馬鈴薯條就是一份美味的家庭大餐。

7-2

哈猛！哈猛！哈猛！
很重要，所以說三次

在西班牙，肉類和醃漬肉品非常普遍，北部的牛肉是特產、南部大多菜色用豬肉來做。超市可以見到非常多種醃漬肉品、香腸、火腿，常常經過火腿區都會被一股陳舊的味道薰鼻子，可是這些貌不驚人的食材一上桌總是最受歡迎的好料！凡是婚宴、家族聚會、生日請客，只要擺上幾盤薄得透光的生火腿片配上好酒當開場，賓客就會覺得這個筵席辦得有聲有色。

大家熟知的生火腿，大多是用豬的整隻後腿來做的。其實豬的里肌肉、前腿也可以做成生火腿，只是口感沒有後腿肉來得好，價位也比較低一些。另外牛肉、鮪魚排、鮭魚都可以製成生火腿，在超市或火腿專賣店都很容易找到。（牛肉生火腿的西班牙文是Cecina。）

△　生火腿Jamón Serrano，切得越薄吃起來口感越好。攝影：王儷瑾。

△　掛在牆上的整隻生火腿，油脂會順著方向滴漏出來，下方的黑色小杯子用來接住油脂。攝影：王儷瑾。

生火腿的製程一點也不簡單，在西班牙是一門專精的學問。每隻腿依照豬的品種、油脂的分布、腿肉的重量等等不同的因素有著不同的製法，熟成的時間也不盡相同。我們這些外行人怎麼買生火腿呢？價格通常是最簡單、最直接的分類方式。你可以走進火腿專門店仔細挑選、詢問，請店員好好幫你介紹。或是在超市開架區閱讀價位標籤，通常在標籤上面，價位的下方會有一行小字告訴消費者一公斤多少錢、100公克多少錢，這樣就可以得知你買的火腿等級大概在哪裡。有些超市也配有肉品專員當場切生火腿片，這樣也是很方便。

　　切生火腿有一專門的架子把生火腿卡住，很多家庭也都會買一檯，而切火腿的技巧就在於手要穩、刀要利，要切出又薄又勻的火腿片，這樣吃起來才不會影響口感。我嘗試過幾次切生火腿，想切薄，可是心一急就容易切得碎碎的，切太厚則吃得一嘴油膩，最後我還是很沒骨氣地買了電動切肉機或是買已經切好的真空包。

　　生火腿除了直接食用，還有生火腿丁、火腿骨、火腿屑等，通常會用來烹調或是熬製高湯，一整隻腿都可以吃得乾乾淨淨。如果一開始吃生火腿會有點心理障礙的朋友，不妨選擇火腿口味的菜餚，也是能品嘗到美味的精髓。

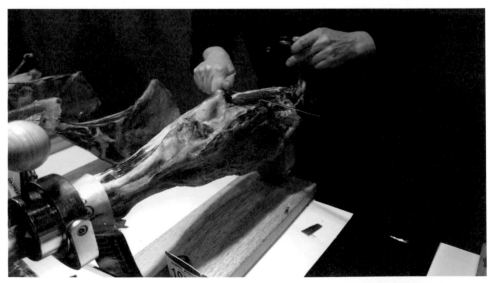

△　切生火腿的架子、刀具和姿勢都是必備的功夫。攝影：王儷瑾。

左　最常見的西班牙臘腸Chorizo，用豬肉、紅椒粉等材料灌製，燉煮或煎烤皆可。

右　名為Androlla的粗臘腸，裡面有豬肉、豬肋排的軟骨、紅椒粉等材料。直接水煮再搭配水煮馬鈴薯和蔬菜一起吃。

△　臘腸品種繁多，有些外層裹上胡椒或是香草一起風乾，直接切片食用，滋味各異。攝影：王儷瑾。

△　有些臘腸外有一層白色黴菌，是臘腸在風乾時特別放上去的，目的是不要滋生壞的黴菌。攝影：王儷瑾。

◁　肉醬口味也有很多，抹在麵包片或餅乾上面一起吃，當作開胃菜。

RECIPE NO.42

{ 生火腿捲哈密瓜 }
JAMÓN CON MELÓN

材料〔1人份〕

・生火腿……10片
・哈密瓜……1/8片

做法

1　哈密瓜去皮後切塊，用生火腿
　　捲起來一起品嘗。

△　哈密瓜也可以用果汁機做成哈密瓜露，上面點綴切碎的生火腿。

{ 生火腿捲哈密瓜 }

Jamón con Melón

RECIPE NO.42 ：生火腿直接吃很美味，配上哈密瓜吃起來甜甜鹹鹹也很棒，
：婚禮上很常見這樣的吃法。

RECIPE NO.43

{ 西班牙可樂餅 } CROQUETAS DE JAMÓN

材料〔25顆〕

・生火腿丁……100克
・洋蔥……半顆，切小丁
・橄欖油……20毫升
・奶油……30克
・牛奶……500毫升

・低筋麵粉……50克
・鹽……少許
・胡椒粉……少許
・肉豆蔻粉……少許
・蛋……2顆

・低筋麵粉……適量
・細麵包粉……適量
・炸油……適量

△　西班牙的超市冷藏區會有盒裝的生火腿丁，是屬於等級較普通的生火腿。
　　這道可樂餅一定要用肉豆蔻粉調味才會道地。

做法

1　平底鍋內放入橄欖油和奶油，開小火。等奶油融化以後，轉成中火，並加入洋蔥丁炒至透明。

2　加入生火腿丁拌炒到表面顏色變深。

3　低筋麵粉倒入鍋內，快速攪拌材料，這樣麵粉不會結塊。

4　倒入牛奶，慢慢炒成麵糊。用鹽、胡椒粉和肉豆蔻粉調味。

5　炒好的麵糊平鋪在淺盤當中，放涼才開始捏形狀。

6　麵糊捏成大約3公分寬、6公分長的橢圓形。

❸　快速攪拌麵糊才不容易結塊。

❺　麵糊平鋪在淺盤中放涼，按照大廚食譜的比例來做，原本濕軟的麵糊會變成有點Q度的麵團。

❻　西班牙可樂餅通常都是橢圓形的，自己在家裡做，喜歡搓成圓球或是圓餅狀都可以。

7　依序沾上低筋麵粉、蛋液，最後是麵
　包粉。

8　熱一鍋炸油至180℃，把5~10顆可樂
　餅放下去炸。內餡都是熟的，只要炸
　到表面成形即可。

⑧ 炸的時間相當短，最好少量下鍋炸；炸的時候
　內餡有些會因為受熱擠壓出來，是正常現象。

△ 如果麵糊放冷還是很軟，也可以使用擠花袋來
　幫忙塑形，不需要裝擠花嘴。

◁ 吃Pincho下酒菜也很常見可樂餅，配任何飲料
　都很搭！

{西班牙可樂餅}
Croquetas de Jamón

RECIPE NO.43 ┊ 西班牙可樂餅通常當做下酒菜或是開胃菜,最常見的內餡就是用生火腿丁。
餐廳、小酒館和超市都一定會有得買,外皮酥脆內餡軟糊的口感非常受歡迎。

PART ｜ 肉 171
SEVEN ｜ CARNE

{佛朗明哥式烤蛋}
Huevos al Plato Flamenca

材料〔2人份〕

· 生火腿片……2-3片

· 西班牙臘腸（Chorizo）……半條，切片

· 熟豌豆仁……適量

· 蛋……2顆

· 番茄糊……5大匙

· 橄欖油……少許

· 鹽……少許

· 黑胡椒粉……少許

△　西班牙臘腸在超市、肉舖都可以買到，可以先買一兩條回家料理嘗嘗味道。

做法

1　番茄糊平鋪在陶製淺盤內，放入熟豌豆仁、生火腿片、西班牙臘腸片，最後打上兩顆蛋。

2　撒上少許橄欖油、鹽、黑胡椒粉調味。

3　陶製淺盤放在瓦斯爐上小火煮約5分鐘，熄火後蓋上蓋子把蛋悶熟即可。

△　這道菜也可以用烤箱完成，預熱到180℃，烤約10分鐘即可。

{ 佛朗明哥式烤蛋 }

Huevos al Plato Flamenca

RECIPE NO.44　　安達魯西亞區的傳統菜色，食材隨個人喜好搭配，
可以多放蔬菜，像是朝鮮薊、蘆筍或馬鈴薯；
也可以多放其他種類的生火腿和香腸。

7-3

無肉不歡，西班牙的家常菜

西班牙的肉舖和台灣的肉舖不太一樣，很值得逛逛；肉櫃的玻璃擦得晶亮，讓肉品看起來新鮮又乾淨。買肉的時候，我發現像是里肌肉這種瘦肉真的處理到非常瘦，所有的油脂都會被肉販切得乾乾淨淨，一丁點也不殘留；肉骨頭大都也事先剔除，通常帶骨的肉是牛腱肉和豬牛肋排。如果需要肉骨頭熬高湯，向肉販問一聲，他會轉身去後面的冰櫃拿。

伊比利豬（Cerdo ibérico）是西班牙遠近馳名的肉品，因為自然放養和餵食橡實等天然食材，油脂豐富且油花分布均勻，當然價位也稍微高一點。買生鮮的肉排回家，通常油煎兩面至金黃色、撒點海鹽就非常美味，油脂的部分咬起來脆口彈牙。

喜歡吃牛肉的人，熟成牛肉的風味會讓習慣吃新鮮牛肉的餐客耳目一新！

雞肉的部分，西班牙跟台灣一樣把雞肉分成自然放養、半放養（半土雞，台語說的仿仔雞）和飼料雞。越天然的雞皮、雞油，顏色越黃，價格會多二到三歐元；飼料雞很好分辨，灰白色的外表，一眼就能看出來。飼料雞的腥味比較明顯，買過一兩次之後，我還是選擇多花點錢買好的雞肉。

△ 西班牙的肉舖都把肉品擺得很整齊乾淨，整條豬牛羊也都切好等著客人來買。攝影：黃嫦媛。

{燉帶骨牛腱肉} OSSOBUCO

材料〔4人份〕

- 帶骨牛腱肉……4片
- 紅蘿蔔……3根，切丁
- 紅椒……半個，切丁
- 洋蔥……1個，切丁
- 大蒜……2瓣，拍扁
- 高湯……1公升
- 白酒（DRY）……100毫升
- 干邑……50毫升

- 橄欖油……3大匙
- 鹽……少許
- 白胡椒粉……少許
- 低筋麵粉……適量
- 丁香……3粒
- 乾朝天椒……1粒（Guindilla，類似朝天椒的辣椒，可省）

△ 帶骨牛腱肉的西文是Morcillo，但是在超市或肉舖只要説Ossobuco，店員就會了解。

做法

1 在帶骨牛腱肉上撒上少許鹽調味，並鋪上低筋麵粉。

2 烤箱預熱180℃，放入帶骨牛腱肉，烤15-20分鐘。

3 平底鍋內用橄欖油爆香大蒜，接著炒洋蔥丁、紅蘿蔔丁和紅椒丁。

4 倒入高湯、白酒和干邑，煮滾後把烤過的帶骨牛腱肉放入鍋內一起燉煮。

5 加入白胡椒粉、丁香和乾朝天椒粒增加風味。

6 小火燉煮約1小時半，直到肉變軟即可。

❶ 只需要薄薄的低筋麵粉就可以了。

❷ 烤好的帶骨牛腱肉呈現焦香的色澤。

❻ 燉煮時要小心攪動湯汁，因為有低筋麵粉的關係，湯汁很容易燒焦。

： 帶骨牛腱肉的湯汁配上白飯真是美味，吃法類似在台灣吃牛肉燴飯，
一口肉配一口飯，讓人非常滿足。

{燉帶骨牛腱肉} *Ossobuco*

{加利西亞燉牛肚} CALLOS A LA GALLEGA

材料〔10人份〕

- 牛肚……1.5公斤，切成3公分方塊
- 牛腳……3公斤，切成2公分寬度
- 紅臘腸（Chorizos）……4條
- 乾鷹嘴豆……2公斤（前一天先用三倍冷水泡發）
- 鹽醃豬蹄……2隻（前一天浸泡冷水去除鹽分，期間換3次水。切成2公分立方塊備用，若買新鮮豬蹄可以用鹽塗抹，放置一兩天入味，再泡水去除鹽分）
- 臘豬腹肉……250克（前一天浸泡冷水去除鹽分，期間換3次水。切成4公分細條備用）
- 檸檬……1顆
- 洋蔥……1顆
- 大蒜……3瓣
- 未剝皮大蒜……1整顆
- 牛肚香料（Especias para callos）……1大湯勺
- 甜味紅椒粉……1/2湯勺
- 低筋麵粉……50克
- 橄欖油……125毫升
- 丁香……3-4粒
- 番紅花……適量
- 鹽……適量

做法

1. 先處理牛肚和牛腳。在40℃溫水中搓揉牛肚和牛腳、瀝乾水分，重複兩次。接著倒入冷水中，加入一整顆檸檬擠汁，並且把檸檬也放入冷水裡一起浸泡。需要浸泡一天。這樣做可以去除腥羶味。

2. 鷹嘴豆、牛肚、牛腳、去鹽豬腳放入大鍋中，加冷水覆蓋食材，水位約高於食材三指高。

3. 丁香插在去皮的洋蔥上。大鍋中依序放入洋蔥和未剝皮的大蒜，開火煮開。

4. 煮滾時撈起湯面的浮末，再加入少許番紅花、牛肚香料、切片的紅臘腸和豬腹臘肉條一起燉煮。如果喜歡很重的香料味，可以多加1湯勺。

5. 爐火關到最小，慢慢燉煮。整鍋燉煮約3小時，要煮到鷹嘴豆軟綿的程度。

6. 趁著燉煮期間，做紅椒粉香油。大蒜用刀稍微壓扁，放入裝有橄欖油的小鍋，開小火。加熱到大蒜上色，關火讓橄欖油冷卻，等到冷卻加入甜味紅椒粉。

7. 大蒜從紅椒粉香油裡撈起丟掉，把油倒入大鍋中，小心攪拌，一起燉煮。

8. 燉煮到3小時時，試吃鷹嘴豆的軟綿程度，視情況增加半小時燉煮時間。接著用少許鹽調整鹹度。

9. 丁香、洋蔥和整顆大蒜撈起來，小心去除大蒜皮，用搗杵搗成泥，重新倒回大鍋中。

10. 最後，用一個乾鍋小火炒香麵粉，直到呈現微微金黃色。炒好的麵粉平均撒在湯面上，輕柔地攪動湯汁，避免劇烈攪動整鍋食材，蓋上鍋蓋，熄火，靜置半小時。

{加利西亞燉牛肚}
Callos a la Gallega

RECIPE NO.46

加利西亞菜的特色是在燉菜中加入鷹嘴豆一起燉，其他地區比較不常見。
這道菜就像咖哩一樣，放隔夜會更入味；剛煮好的湯汁比較稀，
第二天的湯汁就會很濃稠，像是膠質肉凍，小火加熱後可以撕麵包塊沾來吃。

{大雜燴} COCIDO

材料〔10人份〕

- 鹽醃豬頭（Cacheira）……半顆
- 鹽醃豬前腿（Lacón）……1隻
- 鹽醃豬舌（Lengua）……1隻
- 鹽醃豬肋排（Costilla）……2條
- 鹽醃五花肉（Panceta）……1條
- 鹽醃豬尾巴（Rabo）……1支
- 鹽醃豬蹄（Manito de cerdo）……1支，對切
- 鹽醃豬脊椎（Espinazo）……10塊
- 去骨牛腱肉（Jarrete）……1整隻小腿

- 雞……1隻
- 西班牙臘腸……5條
- 西班牙洋蔥臘腸……5條
- 油菜（Grelos）……5把
- 高麗菜……5顆
- 馬鈴薯……20顆
- 鷹嘴豆（Garbanzo）……4公斤
- 白豆（Alubia）……4公斤
- 鹽……少許

△ 鹽醃製的肉品以前是用來保存肉類，現在則是一種風味的傳承。和新鮮肉類相比，肉味更濃，帶點熟成肉品的滋味。

△ 西班牙人吃蔬菜喜歡菜葉和菜莖都是軟綿的口感，西班牙的蔬菜通常不像台灣的蔬菜爽脆多汁，比較適合燉煮。

做法

1　鹽醃的豬肉製品都要泡在水中去除鹽分，豬頭和豬前腿需要2天時間，1天換3次水；其他部分是1天。乾鷹嘴豆放在熱水中1天泡發；白豆放在冷水中1天。

2　煮滾一大鍋水，放入所有鹽醃的豬肉製品開始燉煮。

3　接著放入去骨牛腱肉和全雞一起燉煮。

4　燉煮約1小時後，依序撈起全雞、豬肋排、五花肉。

5　過30分鐘，撈起豬舌、豬尾巴、豬蹄和豬脊椎。

6　再過30-50分鐘，依序撈起豬頭、豬前腿和去骨牛腱肉。

7　燉煮過的高湯取出兩份，一份用來煮鷹嘴豆，一份用來煮白豆，因為鷹嘴豆需要煮2到2.5小時，白豆只需要1個小時左右。

8　煮滾另外一鍋水，用來燉煮西班牙臘腸和西班牙洋蔥臘腸，時間約30分鐘。因為臘腸類帶有大量油脂，所以分開煮以免湯汁油膩又染成紅椒粉的顏色。

❶　在台灣買不到這些醃製過的豬肉，可以買生鮮的肉品，表面抹上薄薄的鹽，醃製最少1天；下鍋前用水漂洗鹽分，這樣煮出來的味道最相似。

△　煮豆也可以用已經煮好的鹽水豆罐頭代替。

9　取出一份高湯來煮蔬菜，放入油菜、高麗菜和馬鈴薯，並且把煮過的西班牙臘腸、西班牙洋蔥臘腸也放進去一起煮，加少許鹽調味。煮到馬鈴薯熟透、蔬菜都軟綿為止。

10　一般家庭的做法是購買小塊的鹽醃豬肉製品，泡水去除掉鹽分之後，把所有肉類放入大鍋中燉煮。用網紗布包好鷹嘴豆和白豆，同時燉煮。等肉類快要燉好前，再加入馬鈴薯、蔬菜，如此一來，蔬菜、肉類和豆類可以同時在一大鍋內煮熟。

Cocido 〔大雜燴〕

西班牙各地有不同的大雜燴煮法和吃法,名稱也不盡相同,
我們介紹的是加利西亞區最傳統的做法。

{哥多華炸肉捲} Flamenquín

材料〔4捲〕

- 豬背里肌……500克
- 火腿片……8片
- 起司片……4片
- 胡椒鹽……適量
- 蛋……1顆，打成蛋液
- 低筋麵粉……適量
- 細麵包粉……適量
- 炸油……適量

△ 西班牙人喜歡吃很瘦的肉，買肉時肉販都會把油脂盡量切得一乾二淨。如果照台灣人的習慣，肉要買帶有油花或留點油脂，就要特別跟肉販說清楚。

做法

1　豬背里肌肉用蝴蝶刀法，每片約1.5公分，分成四份。

2　肉片攤開，用肉槌把肉片搥到很薄，大約是原本的尺寸兩倍大以上。

❶ 蝴蝶刀法就是第一刀不要切斷，第二刀切斷。這樣肉片攤開來就是雙倍大。

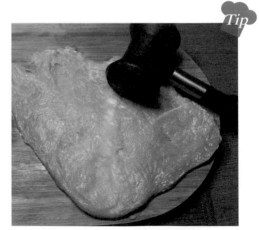

Tip

❷ 盡量把肉片搥打到兩倍大以上，越薄越好，這樣炸的時間才會縮短。

3　撒上胡椒鹽調味。

4　鋪上火腿片和起司片，接著捲緊捲成細長條。

5　肉捲外裹上薄薄的低筋麵粉，拍掉多餘的粉。

6　再裹上蛋液。

7　最外層滾上麵包粉。

8　熱一鍋炸油到160℃，肉捲放下去炸，炸好一面才翻面，這樣麵包粉就不會掉，肉捲也不會散開。

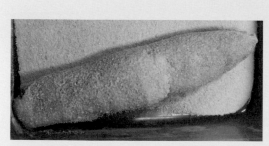

④　只要把肉捲捲緊，就不需要做封口，之後裹好麵粉、蛋液和麵包粉，再下鍋炸的時候自然會黏合。

⑤　低筋麵粉要薄薄的，用手拍掉多餘的粉。

⑦　西班牙習慣用的都是細麵包粉，有原味、混合香草和混合乾蒜粉，三種基本口味，可以依照個人喜好選擇。

Tip

⑧　炸油的高度大約在肉捲的2公分高左右，小火慢炸即可，高溫油炸會讓起司爆出來。

{哥多華炸肉捲}

Flamenquín

RECIPE NO.48　西班牙南部安達魯西亞以美味的豬肉聞名，
炸肉捲的內餡包裹起司和火腿片，吃起來層次豐富。

〔紅椒雞肉砂鍋〕 POLLO AL CHILINDRÓN

材料〔2人份〕

- 雞腿……2隻，切塊
- 洋蔥……1顆，切丁
- 橄欖油……3大匙
- 白酒（dry）……30毫升

- 青椒……半顆，切丁
- 大番茄……1顆，切塊
- 甜味紅椒粉……1大匙
- 熱開水……適量

- 紅椒……1顆，切丁
- 大蒜……3瓣，去皮壓扁
- 新鮮或乾燥的月桂葉……1片
- 鹽……適量

△　整隻雞腿的西文有三種說法Muslo de pollo、Cuarto trasero、Zanco，在肉舖買的時候都可以用。

做法

1　陶鍋中用橄欖油把雞腿塊表面煎成金黃色，每一面都盡量要煎到，肉還夾生沒關係，等一下燉煮就熟了。

2　雞腿塊撈起備用。

3　接著再加一些橄欖油炒香大蒜、青椒丁、紅椒丁和洋蔥丁。再放入大番茄塊一起拌炒。

4　撒上甜味紅椒粉調味。

5　放入煎好的雞腿塊，倒入白酒和熱開水，高度要到達雞肉的一半。

6　放入月桂葉。蓋上鍋蓋，開中火煮滾再轉到小火燉煮。

7　煮到雞肉軟爛，撒上鹽調味即可。

❶ 煎過的雞腿塊經過長時間燉煮還可以維持漂亮形狀，也有去血水的功能。

❸ 紅椒和紅椒粉，兩層紅椒的風味是這道菜的基底，喜歡紅椒的話可以多放些。

Pollo al Chilindrón {紅椒雞肉砂鍋}

RECIPE NO.49　　用家常醬汁燉煮出軟爛入味的雞肉，
　　　　　　　　配蒜香米飯和麵包一起吃，很滿足！

{扁豆燉排骨} LENTEJAS

材料〔2~3人份〕

- 乾扁豆……500克
- 西班牙臘腸（Chorizo）……1條，切片
- 五花肉……150克，切絲
- 豬肋排半副……約500克，切塊
- 紅椒……半顆，切丁
- 青椒……半顆，切丁
- 洋蔥……半顆，切丁
- 紅蘿蔔……1根，切丁
- 韭蔥……1根，切丁
- 大蒜……2瓣，去皮拍扁
- 橄欖油……2大匙
- 鹽……適量

△ 買豬肋排時可以吩咐肉販幫你切2條或3條，回家比較好料理。在台灣做的話也可以用子排、小排骨代替。

做法

1　湯鍋內用橄欖油炒軟大蒜、紅椒丁、青椒丁、洋蔥丁、紅蘿蔔丁和韭蔥丁。

2　加入五花肉絲拌炒，讓蔬菜沾染五花肉的油脂。

3　加入扁豆、臘腸片和豬肋排塊，再倒入水淹過所有食材。

4　中火煮滾以後轉成小火，燉煮到扁豆軟綿，最後用鹽調味。

❶　拌炒到蔬菜丁都變軟出水為止。

❸　乾扁豆不需要泡水就可以直接下鍋煮。

Lentejas 〔扁豆燉排骨〕

RECIPE NO.50　　軟綿的扁豆和排骨、五花肉一起燉煮，吃起來有油香又有飽足感。
一般把切碎的水煮蛋和醋漬青辣椒當作配菜。

Tarta de Almendras/Tarta de Santiago

Cañas Rellenas de Crema

Tarta de Queso

Orejas de Carnaval

Leche Frita

Palmeras

Natillas

Chocolate con Churros

Flan

攝影：黃嫦媛

PART | EIGHT

甜點 | POSTRE

歐洲甜點素來有甜到心坎上、甜到流蜜的美譽，
不夠甜的點心無法滿足西班牙人超級愛吃甜食的味蕾。
他們追求香、軟、綿的口感，
在下午茶和飯後來上一份甜滋滋的小點心，
是飲食文化中很有份量的角色。

8-1

西班牙螞蟻人的甜牙齒

吃慣台灣的低油低糖、號稱健康取向的甜食，來到西班牙以後感受到最大的文化衝擊，應該就是甜食吧。天哪！也未免太甜了吧！不管我吃哪一種，都讓我感覺咬一小口就要配一大杯茶。不過，住了兩三年，逐漸習慣這樣的甜食文化，套句西班牙人常常對我說的：「不甜還算什麼甜食啊。」說的也不無道理，既然要吃甜就吃個徹底，不上不下的甜度還叫甜點嗎？西班牙人喝果汁習慣加糖，喝咖啡也加糖，喝熱巧克力飲也另外加糖，甜食當然也要再加糖。如果你問我西班牙人是不是比較容易蛀牙？那請待我問問牙醫師。

說到甜食，西班牙最有名的甜點是油條沾熱巧克力（Chocolate con Churros）。一般分成兩種，粗的油條叫Porra，細的叫Churro。剛剛炸好的油條會撒上糖，這樣就可以直接吃了。有些店或小攤子只賣油條，如果想要配著熱巧克

左　西班牙油條，右邊粗油條（porra）裡面有酵母，和一般油條（churros）麵團是不同的做法。
　　左邊水滴型油條（churros de lazo）是把頭尾圈起捏緊再下去炸。攝影：黃嫦媛。
右　想知道甜點到底有多甜嗎？快來挑戰塞維亞名產的極限甜點蛋黃球，用蛋黃和糖手工揉製而
　　成。攝影：Yo Chu Shih。

△　西班牙的甜點店，甜點上布滿鮮奶油和糖蜜，看起來都好甜啊！攝影：黃嫦媛。

力吃，還得找附近咖啡廳點一杯。雖然油條平常很容易吃到，有些地區的習慣是每年1月1日的早餐一定要吃油條，久了就成了約定俗成的習俗。

留學生則常常把西班牙油條當成台灣油條吃，只要把粗的油條炸老老的，包在飯糰裡面吃，或是煮麻辣鍋的時候燙兩條老油條，瞬間滿足思鄉的心情！

新婚第一年，我帶著大廚回台灣，興高采烈地買了一桌中式早餐，燒餅、飯糰、豆漿、米漿等等。他咬了一口飯糰，問我：「怎麼是鹹的？」我一時之間還反應不過來，他就從行李挖出一罐巧克力飲料要去廚房泡。我連忙阻止他，我說：「裡面還有包其他的配料，炒鹹菜、煎蛋等等，都是鹹的，飯糰要一口咬到很多料才是道地的吃法。」回到西班牙以後，他還跟朋友分享，台灣的油條不是沾糖的喔！大家聽了嘖嘖稱奇。

{ 聖地牙哥杏仁甜糕 }
TARTA DE ALMENDRAS/TARTA DE SANTIAGO

材料〔26公分塔模〕

・蛋……5個
・細杏仁粉……500克
・糖……250克
・糖粉……適量
・奶油……少許
・柳橙……半顆，擠汁
・茴香香精……10毫升

△ 本食譜經由大廚改良，吃起來酥、軟、香、潤，在家裡自己做就不用烤得太乾。

做法

1　烤箱預熱180℃。

2　擦一層薄薄的奶油在塔模上。

3　上述全部材料，蛋、細杏仁粉、糖、柳橙汁、茴香香精混合在一個大碗中，攪拌均勻。

4　杏仁糊倒入塔模，接著送進烤箱烤約30分鐘。

5　取出放涼，等杏仁甜糕完全涼透，從塔模拿出來並撒上糖粉做裝飾。

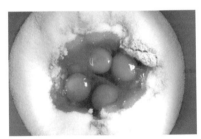

❸ 西班牙超市很好找細杏仁粉，通常是200克一包裝。在台灣的烘焙行買不到的話，也可以買粗杏仁粉再用機器打細。

❺ 烤好可以用牙籤試戳中心，如果牙籤沒有沾黏杏仁糊就是熟了。

❺ 一般傳統圖案把十字放在中間，撒上糖粉以後移開十字即可。

Tarta de Almendras/
{聖地牙哥杏仁甜糕} *Tarta de Santiago*

RECIPE NO.51　在聖雅各伯朝聖之路的終點站聖地牙哥‧德‧孔波斯特拉
（Santiago de Compostela）市中心非常有名的傳統甜點，
因為不加防腐劑，又因保存的關係，一般烤得很乾，而且甜度很高。

{奶油捲心餅} CAÑAS RELLENAS DE CREMA

材料

捲心餅皮

- 中筋麵粉……300克
- 豬油（Manteca）……100克
- 鹽……5克
- 甜味白酒……10毫升
- 40℃溫水……125毫升
- 檸檬皮屑……少許
- 炸油……適量　·糖粉……適量

內餡

- 香甜奶糊（Natillas）……適量
  （請見p.212「香甜奶糊」食譜）
- 打發鮮奶油……適量

做法

1　豬油隔水加熱，融化成液體備用。

2　上述材料的中筋麵粉、豬油、鹽、甜味
　　白酒、溫水和檸檬皮屑，混合成一個柔
　　軟的溫麵團。

3　麵團放涼後，擀成0.2至0.3公分的薄麵
　　片。

4　薄麵片切成2公分長條，接著斜捲在烘焙
　　用管狀模型上。

5　熱一鍋炸油約160℃，把捲好的捲心餅和
　　管狀模型一起下鍋油炸，炸到表面金黃
　　即可起鍋。

6　趁熱小心剝除管狀模型。重複捲麵片、
　　油炸、剝除模型，直到麵片用光為止。

7　捲心餅放涼以後就可以填入餡料，最上
　　面撒上糖粉做裝飾。

△　豬油（Manteca）在有些西班牙超市要冬天才
　　有賣，通常放在奶油冷藏櫃或是醃製豬肉品冷
　　藏櫃；用台灣普遍使用的白豬油也可以做。

❷　麵團揉好還是溫溫的，要放涼才比較好擀開。

Tip

❹　可以用直管狀的模型或是用尖錐狀的模型，
　　不需要塗油，直接裹上薄麵片，中間接合處
　　再炸過以後就會黏起來，不會散開。

{ 奶油捲心餅 }

Cañas Rellenas de Crema

RECIPE NO.52　　奶油捲心餅吃起來酥酥脆脆，搭配上香濃可口的內餡，
　　　　　　　　再來杯咖啡，真是下午茶的一大享受。

{ 起司塔 } TARTA DE QUESO

材料〔6個〕

餅皮

- 中筋麵粉……225克
- 室溫軟化的奶油……125克
- 糖……65克
- 牛奶……適量

起司

- 馬斯卡彭起司……250克
- 糖……120克
- 鮮奶油……400克
- 吉利丁片……8克
- 柳橙……半顆,擠汁

△ 這個餅皮配方有很多用途,可以做派,也可以做餅乾。

△ 8克吉利丁片可以用24克吉利丁粉代替。

果醬

- 覆盆子……250克
- 糖……125克
- 柳橙……半顆,擠汁

△ 柳橙汁可以讓果醬整體的口味變得不死甜,也可以換成檸檬汁。

做法

1　先做餅皮的部分。在一個乾淨的盆子中加入中筋麵粉、糖、奶油，用手慢慢揉成團，並多次加入少許的牛奶幫助成團。

2　揉成一個光滑不黏手的麵團。

3　麵團擀開，展成0.3公分的大薄片。用模型切出形狀或是放進24公分的派盤中。

4　烤箱預熱180℃後，把生餅皮放進去烤熟，烤到表面上色即可取出。放涼以後擠上起司。

5　接著做起司的部分。吉利丁片放在柳橙汁內變軟；軟化後把柳橙汁連吉利丁片一起用文火加熱，大約加熱到吉利丁片融化，溫度控制在微溫的程度即可。

6　在等待吉利丁片變軟的過程中，馬斯卡彭起司、鮮奶油和糖放進大盆中打發。

② 麵團很軟，放在冰箱30分鐘或1小時以後會比較好操作。

③ 用圓形模切出喜歡的造型，也可以做一個24公分的派皮。

④ 如果餅皮還有熱度，擠上起司就會融化，完全放涼後才可以使用。

⑥ 打發到可以看出明顯的紋路。

7　舀一匙打發好的起司和柳橙汁攪拌均勻，接著才把混合一匙起司的柳橙汁一起倒入起司盆中攪拌。

8　餅皮上蓋一個模型，就可以裝填起司。連同模型一起放入冰箱冷藏室最少六小時，直到起司成形。

9　最後做果醬的部分。覆盆子、糖和柳橙汁放進湯鍋中煮到濃稠，放涼以後和起司塔一起品嘗。

❼　如果一下子把柳橙汁倒入起司裡，很容易發生攪拌不均勻和結塊的現象。

❽　起司塔連同模型一起放入冰箱冷藏室，最少冰六個小時或是放隔夜。

❾　少量的果醬只要煮幾分鐘就會變得濃稠，可以熄火冷卻了。

△　也可以直接把餅皮捏碎後和起司裝填在杯子裡面，要食用前淋上果醬即可。

Tarta de Queso 〔起司塔〕

RECIPE NO.53　起司塔和任何水果都很合，
水蜜桃、奇異果、香蕉、櫻桃、杏桃、草莓等等都很適合。

{炸耳朵} OREJAS DE CARNAVAL

材料〔4人份〕

- 中筋麵粉……250克
- 豬油（Manteca）……50克
- 蛋……1顆
- 牛奶……100毫升
- 茴香酒……25毫升（或是茴香香精5毫升）
- 檸檬……半顆，擠汁
- 糖粉……60克
- 炸油……適量
- 糖粉……適量

△　豬油（Manteca）是冬季甜點中必備的食材。

做法

1　用文火融化豬油或是隔水加熱。

2　液態豬油、蛋、牛奶、茴香酒、檸檬汁和糖粉放入一個大盆中混合。

3　分次加入中筋麵粉，做成麵團。接著鬆弛20分鐘。

4　麵團擀成大薄片，越薄越好。

5　分割成數片，等待炸油熱到160℃~180℃，就直接下鍋油炸。

6　油炸至兩面金黃，起鍋，放涼以後撒上糖粉即可食用。

③ 中筋麵粉分多次加入，揉成一個不黏手的麵團，不需要揉到光滑，只要成團即可。

⑤ 擀薄片的時候，如果麵團太黏，可以抹上一層薄薄的油防止沾黏。

⑥ 麵片放進油鍋中馬上會膨大起泡，這是正常現象。

{ 炸耳朵 }

Orejas de Carnaval

RECIPE NO.54 ： 2月面具節會吃的傳統甜點，形狀像耳朵而聞名。
吃起來脆脆香香，撒上糖粉更是香甜可口，一片接一片。

{炸鮮奶} LECHE FRITA

材料〔2人份〕

- 牛奶……500毫升
- 糖……50克
- 雞蛋……1顆
- 玉米粉……60克
- 肉桂棒……1枝
- 香草精……1小匙
- 雞蛋……1顆，打成蛋液
- 低筋麵粉……適量
- 肉桂粉……適量
- 糖……適量
- 炸油……適量

做法

1　400毫升的牛奶（留100毫升）和肉桂棒一起煮沸，靜置10分鐘讓牛奶吸收肉桂的味道。

2　撈起香料。

3　100毫升的牛奶混合糖、玉米粉、蛋成為奶糊。

4　肉桂牛奶倒入奶糊，一邊快速攪拌均勻。

5　用小火煮肉桂奶糊，不停攪拌直到非常濃稠厚重。

6　煮好的肉桂奶糊倒入一個耐熱容器中，高度大約2公分高，並用湯匙或刮刀抹平表面。放涼備用。

△　炸鮮奶的做法和香甜奶糊非常像，可是需要兩倍的玉米粉讓奶糊凝結成塊。

❺　帶有肉桂香的奶糊要不停攪拌，煮到非常濃稠，有點難攪動。

❻　準備一個耐熱容器來裝肉桂奶糊，如果怕沾黏可以在容器上塗一層薄薄的油。表面盡量抹平，這樣裹麵糊才會漂亮。

7　等到完全涼透，從容器中取出並且切塊。

8　熱一鍋炸油直到180℃，另外準備低筋麵粉和蛋液。

9　把一塊肉桂奶糊沾上薄薄的麵粉，再沾上蛋液，入鍋油炸到表面金黃，馬上撈起。

10　食用前撒上糖和肉桂粉。

Leche Frita 〔炸鮮奶〕

RECIPE NO.55　炸鮮奶是西班牙的傳統甜點，香甜軟糯的滋味非常療癒。
我第一次品嘗就吃了兩大塊還意猶未盡。

{蝴蝶酥} PALMERAS

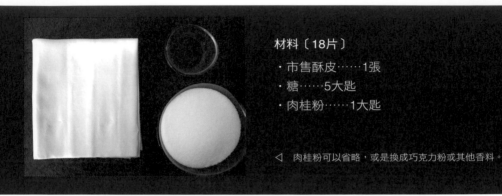

材料〔18片〕
・市售酥皮……1張
・糖……5大匙
・肉桂粉……1大匙

◁ 肉桂粉可以省略，或是換成巧克力粉或其他香料。

做法

1 桌上鋪上一層薄薄的糖，再把酥皮攤在糖上面，以防黏桌。

2 酥皮上平均撒上糖和少許肉桂粉。

3 酥皮大約分成4等份，把最外的1等份向內摺。摺好以後，撒上糖和肉桂粉。

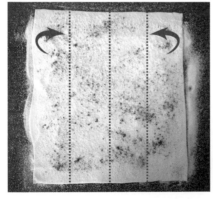

㉛ 酥皮大致分4等分，但是不需要切開。我們用虛線表示。

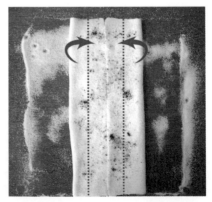

㉜ 左右最外側的部分向內摺，接著撒上糖和肉桂粉。

4　接著再大致分成4等份，把最外的1等份向內摺。摺好以後，撒上糖和肉桂粉。

5　最後對折，用刀切成數份，每塊約1.5至2公分寬。

6　切好的酥皮塊切口向上擺放好，每塊之間要留間距。

7　烤箱預熱180℃，烤到酥皮膨脹成蝴蝶展翅的狀態、表面金黃色即可。約15至18分鐘。

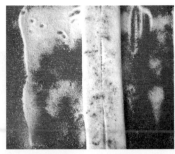

④　重複兩次之後，會像這樣成為細長
　　條狀，再撒上糖和肉桂粉。

⑤　用刀切成寬條，約18～20塊。

⑥　切口朝上，這樣烤好才會散開成蝴蝶。

△　市售蝴蝶酥有五種尺寸，這塊大得可以遮住我的
　　臉，還只能算是中型而已唷！還有更大的。

{ 蝴蝶酥 }
Palmeras

RECIPE NO.56　　甜點店和超市常見的蝴蝶酥，一般當作點心墊肚子，
小朋友很常拿在手上邊走邊吃。

｛香甜奶糊｝ NATILLAS

材料〔4人份〕

· 玉米粉……30克
· 糖……110克
· 黃檸檬皮……1片
· 柳橙皮……1片
· 牛奶……500毫升
· 蛋黃……2個
· 新鮮香草豆莢……1枝
· 肉桂粉……少許

做法

1　放400毫升牛奶（留100毫升備用）、香草豆莢、黃檸檬皮和柳橙皮在小湯鍋中一起煮沸，靜置10分鐘讓牛奶吸收果皮的味道。

2　撈起香料。

3　剩下的100毫升牛奶混合玉米粉、糖和蛋黃。

4　撈起香草豆莢、黃檸檬皮和柳橙皮。把溫熱的果香牛奶倒入玉米粉糊中，攪拌均勻。

5　可以利用隔水加熱的方式煮奶糊，也可以直接放在瓦斯爐上煮。請注意直火煮的時候一定要不停地攪拌，才不會瞬間就燒焦。

6　煮到奶糊非常濃稠即可起鍋放涼。

7　放涼以後，表面會結一層皮。為了口感滑順、不想吃到結皮結塊，放涼期間需要不時攪拌一下。另一個方法是把保鮮膜貼在奶糊表面，裝填在小碗以前撕開保鮮膜即可。

△　可以用肉桂棒、香草液代替新鮮香草豆莢。

Tip

❸　混合蛋黃、牛奶、玉米粉和糖。玉米粉不能和加熱過的牛奶直接混合，一定要用冷牛奶調勻才倒入熱牛奶，這樣奶糊的口感才會滑順不結塊。

{香甜奶糊} *Natillas*

RECIPE NO.57 ⋮ 食用前撒上少許肉桂粉增添風味，
⋮ 也可以加入融化的巧克力改變口味。

｛西班牙油條佐熱巧克力｝
CHOCOLATE CON CHURROS

材料〔4人份〕

・低筋麵粉……1杯
・奶油……1大匙
・鹽……少許
・水……1……杯
・巧克力……200克
・牛奶……500毫升
・糖……適量
・炸油……適量

△　低筋麵粉和水的比例是1：1，奶油和鹽都只要一點點即可。

做法

1　1杯水放進湯鍋中煮沸，加入奶油。

2　加入低筋麵粉，並且快速攪拌不能停手。

3　在湯鍋中逐漸形成一個有硬度的麵團，熄火。

❷　麵粉倒入煮滾的奶油水中，不需要關火，
　　持續不停攪拌。

❸　形成麵團後就可以熄火。

❹ 右邊是專門用來擠油條的傳統家用器具，左邊是擠花袋。使用擠花袋要小心施力，以免擠花袋破掉。

❺² 可以在油鍋上擠油條，也可以全部擠好放在盤子再一起下鍋油炸。油條有星狀也有柱狀，在家裡做最好是星狀，因為這樣比較容易炸透；柱狀的油條中間太厚，一下鍋吸飽油就會焦。

❺¹ 準備一把廚房用剪刀來剪開油條。這個擠油條的器具有個特色就是把旋塞扭緊以後，它會自動把麵團擠出來，不用雙手再去擠壓。

❻ 不需要沸騰牛奶，加熱到巧克力融化的程度就可以了。

4　麵團稍微放涼，等溫度降下來，把溫麵團放進模型中備用。

5　熱一鍋炸油約180℃，把麵團擠出來油炸。炸至表面金黃酥脆就可以撈起，趁熱撒上糖。

6　牛奶煮熱，放入巧克力塊，做成有濃度的巧克力牛奶，用來沾食油條。

◁ 超市可以買到專門用來做巧克力沾醬的巧克力粉，油條吃完，巧克力就順便喝掉吧！

△ 到咖啡廳點一杯咖啡，最常見的免費點心就是油條兩小根。

{ 西班牙油條佐熱巧克力 }
Chocolate con Churros

RECIPE NO.58

來西班牙必吃的甜點之一，
全西班牙都有得買，連超市都有冷凍的，
只要買回家油炸或放在烤吐司機加熱就可以吃。
通常西班牙人把油條當早餐吃，因為觀光客的關係，
很多觀光景點一整天都有賣。

{西班牙式布丁} FLAN

材料〔4人份〕

焦糖

- 水……20克
- 糖……120克
- 檸檬汁……1小匙

布丁

- 蛋……3顆
- 牛奶……500毫升
- 甜茴香酒……5毫升
- 糖……125克
- 肉桂棒……1支
- 檸檬皮……少許
- 柳橙皮……少許
- 熱開水……適量

△　檸檬汁的作用是避免焦糖煮得過焦，產生苦味。

△　使用常溫的雞蛋和牛奶就可以做，材料都是很容易取得的。

做法

1　先煮焦糖液。水、糖和檸檬汁在小湯鍋混合均勻。

2　開中火煮糖水，過程中都不可以攪動，以免糖結塊。

3　等糖水開始變色，馬上離開火源。糖水顏色會越來越深，就形成焦糖液了。

4　再來做布丁液。牛奶倒入小湯鍋中，加入肉桂棒、檸檬皮和柳橙皮煮滾。關火，靜置10分鐘。

5　香料和凝結的奶皮撈起。

6　雞蛋和糖攪拌均勻，再倒入溫牛奶，期間要不停攪拌，這樣蛋液才不會熟成蛋花。

7　用篩網過濾布丁液。

❶　先攪拌好水、糖和檸檬汁。

❷　煮滾糖水的過程中都不可以再攪拌。

❸　糖水開始變色就可以離火，接著金黃色會轉變成淺褐色。只有關火會讓糖水燒焦，最好拿到旁邊放著。

8　模具內先倒入少許焦糖液，再倒入布丁液。

9　烤箱預熱160℃。

10　布丁模具放在有深度的烤盤中，倒入熱開水直到布丁模具的一半高度。
　　用蒸烤的方式烤約18～25分鐘。用牙籤插入布丁正中央，確定布丁凝結
　　即可取出放涼。

❽　模具不需要塗油，直接倒入焦糖液和布丁液。

❿　蒸烤布丁的烤盤水要用熱水，這樣可以縮短烤的時間。

⓫　烤好的布丁放涼就可以倒扣出來品嘗。

Flan 〔西班牙式布丁〕

RECIPE NO.59 : 在西班牙吃布丁通常都會配上鮮奶油，
: 香滑的口感和濃郁的奶香吃起來非常滿足。

Sangría

Kalimotxo

Clara de Limón

Batido de Fresa y Plátano

Tinto de Verano

Sorbete de Limón

Café Casero

攝影：賴思瑩

PART
NINE

飲料
BEBIDA

邊聊天邊啜飲，
西班牙人站在酒吧或街旁一杯接著一杯慢慢喝，
親朋好友聚會就從飲料開始。
這邊沒有賣手搖飲料，
年輕人自己帶紅酒、汽水聚集在廣場，
倒在塑膠杯裡共同享受這簡單的美好。

9-1

西班牙人有兩個胃，一個裝飲料，
另一個，還是裝飲料

有幾次我去大廚的餐廳等他中午班結束一起回家，看到客人還坐在位子上聊天喝飲料，就問他：「客人還沒吃完，你離開可以嗎？」大廚說：「甜點在一小時前就吃完了，他們現在只是在喝調酒，有的客人會喝到晚班開始營業都還沒走。」一般中餐結束是下午4點，喝到晚班開始是晚上9點耶！一邊聊一邊喝共5個小時，真的很能喝。那這麼長的時間中，猜猜他們會喝幾杯？大約4、5杯跑不掉。

西班牙人下班還有周末很喜歡約三五好友去吃晚餐，晚餐早一點的話大約9點開始，也有人是10點、11點才進餐廳。用餐以前，他們習慣找間酒吧喝飲料和閒聊，大約是8點半左右。就這樣慢慢喝，一邊吃點薯片或下酒菜消磨到9點、10點，有時候不是都在同一個定點喝飲料，可能會去個兩三家，等時間到再慢慢地移動到餐廳點菜。

他們飯前已經喝了幾杯啤酒或是調酒，在餐廳一坐下，服務生送菜單以前，第一件事情就是幫客人點飲料。用餐的時候，搭配酒類和汽水為主，吃完飯喝杯咖啡或一口小酒（Chupito）。有些人跳過咖啡馬上點調酒，喝到餐廳打烊也是非常稀鬆平常。

西班牙的夜晚除了跑趴、跑酒吧，也會有集會（Fiesta）可以參加，有些是節慶，有些是暑假每天晚上類似夜市的活動。年輕人常常相約在廣場，然後一起去集會，等待朋友赴約的時候，他們會準備簡單的調酒在街邊喝。

連朋友馬紐爾（Manuel）有一次聊天說到：「如果有速食業者敢用飲料喝到飽為號召，那應該很快就會倒店，因為西班牙人太會喝飲料了，我們可能有裝飲料的胃喔！」

◁　夏天在戶外悠閒地喝飲料，消暑好良方。圖片來源：www.turisvalencia.es。

｛桑格利亞水果酒｝Sangría

材料〔1壺〕

- 紅酒……250毫升（年輕的紅酒即可）　·肉桂棒……1枝　·糖……30克
- 蘋果……1顆，切大丁　·桃子……1顆，切大丁　·柳橙……1顆，擠汁
- 檸檬……1/2顆，擠汁　·氣泡飲料（Gaseosa）……300毫升　·冰塊……適量

△　使用當季的水果、紅酒和氣泡飲料混合成的Sangría，雖然順口好喝，還是要小心飲酒過量。

做法

1　蘋果丁、桃子丁、柳橙汁、檸檬汁、肉桂棒、紅酒、氣泡飲料和糖混合在一起。

2　加入冰塊一起飲用。

Sangría {桑格利亞水果酒}

RECIPE NO.60　　夏天的西班牙最常見的餐桌飲料，從中午喝到晚上都很適合。
　　　　　　　　甜甜的滋味很爽口，一般常見使用紅酒，現在也有白酒或香檳的口味。

｛卡利摩丘｝ KALIMOTXO

材料〔1人份〕

· 可樂……200毫升
· 紅酒……200毫升
· 冰塊……少許

做法

1　以1：1的比例混合可樂和紅酒，加上冰塊就可以喝了。

｛卡利摩丘｝
Kalimotxo

RECIPE NO.61　諧音很像「卡利，（你喝酒）嘸揪？」的輕鬆飲品，
是西班牙年輕人和朋友相聚時會先喝幾杯，
避免醉得太快，接著就沒辦法去跳舞跑趴了。

RECIPE NO.62

{檸檬淡啤酒} CLARA DE LIMÓN

材料〔1人份〕

・檸檬汽水
・冰啤酒（越冰越好）

做法

1　冰啤酒60％或65％，混合檸檬汽水40％或35％，不需要攪拌，倒在一起即可。

{檸檬淡啤酒}
Clara de Limón

RECIPE NO.62　很多西班牙人深愛這種低酒精濃度的飲料，四季皆宜。
有些酒吧不加檸檬汽水，改加沒有甜味、帶有檸檬香氣的氣泡水。

{ 西班牙國民飲料 }
BATIDO DE FRESA Y PLÁTANO

草莓香蕉果昔是西班牙人很喜歡的組合，速食業者在夏天也一定會推出這個口味的冰沙飲料；市面上反而很少見到單有香蕉或單有草莓的飲品。

通常當做小朋友和年輕人的下午點心，冰冰涼涼的口感除了解熱，也可以墊墊肚子。

材料〔2人份〕

· 香蕉……1條
· 草莓……125克
· 牛奶……1杯
· 原味優格……1杯（或是鮮奶油）
· 糖……適量

△　西班牙的草莓3月到6月是產季，個頭大，口感較脆，甜分低，因此西班牙人喜歡沾糖、沾煉乳或是打成果昔。

做法

1　草莓去除蒂頭，香蕉切塊。

2　所有材料打成果昔，視個人喜好加入糖一起攪打。

◁　有些人還會加入瑪麗亞餅乾（Galleta María）一起攪打，增加風味。

{ 西班牙國民飲料 }

Batido de Fresa y Plátano

RECIPE NO.63 　草莓香蕉果昔可以直接喝，
　　　　　　　也可以搭配打發鮮奶油，或是配上冰淇淋一起喝。

{夏日紅酒飲} Tinto de Verano

材料〔1人份〕

・紅酒……200毫升　・氣泡飲料（Gaseosa）……200毫升　・冰塊……適量

做法

1　紅酒和氣泡飲料以1：1的比例混合，加入冰塊即可飲用。

{夏日紅酒飲}

Tinto de Verano

Recipe no.64　佐餐、和親友小聚常喝的飲料，冰涼爽口，
很適合夏天傍晚坐在露天座一邊慢慢啜飲一邊聊天。

{ 檸檬冰沙 } SORBETE DE LIMÓN

材料〔1人份〕

・檸檬雪酪……3球　　・香檳……適量　　・檸檬皮……少許

做法

1　檸檬雪酪和香檳用
　　手持電動攪拌棒打
　　勻，撒上檸檬皮屑
　　就完成了。

Sorbete de Limón
{ 檸檬冰沙 }

RECIPE NO.65　吃完海鮮，接著要吃肉類的主菜以前，
有規模的餐廳會提供檸檬冰沙給客人清除口中的餘味。
就好比吃壽司的時候，會吃點紅薑片再吃不同口味的壽司，是一樣的意思。

RECIPE NO.66

{家常咖啡} CAFÉ CASERO

材料〔1人份〕

· 磨好的咖啡粉……1大匙
· 水……1杯

△ 西班牙人一天喝上兩三杯咖啡，早餐很多人就是單純喝杯咖啡就解決了，午餐和晚餐後會喝咖啡，下午點心時間也會來一杯。

做法

1 水煮滾後，關火並加入咖啡粉，稍微搖動小湯鍋讓咖啡粉不要沉澱。

2 靜置10分鐘。

3 用咖啡濾紙過濾咖啡渣即可。

△ 只做一人份的話，用小湯鍋來煮非常快速。

{家常咖啡}

Café Casero

早期西班牙家庭都是用茶壺來泡咖啡，
現在家家戶戶都買膠囊咖啡機或摩卡壺了。
西班牙的咖啡濃度很高，剛開始喝會有點不習慣這麼厚重的口感。

感謝您購買　**請用，西班牙海鮮飯**

66道大廚家常菜，從肉類到海鮮，從米飯・麵包到馬鈴薯・橄欖油，
從湯品・甜點到飲料，西班牙料理精髓完全掌握，一學就會！

為了提供您更多的讀書樂趣，請費心填妥下列資料，直接郵遞（免貼
郵票），即可成為奇光的會員，享有定期書訊與優惠禮遇。

姓名：＿＿＿＿＿＿＿＿＿　身分證字號：＿＿＿＿＿＿＿＿＿

性別：□女　□男　生日：

學歷：□國中（含以下）　□高中職　　□大專　　　□研究所以上

職業：□生產\製造　　□金融\商業　□傳播\廣告　□軍警\公務員

　　　□教育\文化　　□旅遊\運輸　□醫療\保健　□仲介\服務

　　　□學生　　　　□自由\家管　□其他

連絡地址：□□□＿＿＿＿＿＿＿＿＿＿＿＿＿＿＿＿＿＿＿＿

連絡電話：公（　）＿＿＿＿＿＿＿　宅（　）＿＿＿＿＿＿＿

E-mail：＿＿＿＿＿＿＿＿＿＿＿＿＿＿＿＿＿＿＿＿＿＿＿

■您從何處得知本書訊息？（可複選）

　　□書店 □書評 □報紙 □廣播 □電視 □雜誌 □共和國書訊

　　□直接郵件 □全球資訊網 □親友介紹 □其他

■您通常以何種方式購書？（可複選）

　　□逛書店 □郵撥 □網路 □信用卡傳真 □其他

■您的閱讀習慣：

文　　學 □華文小說　□西洋文學　□日本文學　□古典　□當代

　　　　　□科幻奇幻　□恐怖靈異　□歷史傳記　□推理　□言情

非文學 □生態環保　□社會科學　□自然科學　□百科　□藝術

　　　　　□歷史人文　□生活風格　□民俗宗教　□哲學　□其他

■您對本書的評價（請填代號：1.非常滿意 2.滿意 3.尚可 4.待改進）

　書名＿＿ 封面設計＿＿ 版面編排＿＿ 印刷＿＿ 內容＿＿ 整體評價＿＿

■您對本書的建議：

請沿虛線剪下

請沿虛線對折寄回

廣　告　回　函

板橋郵局登記證

板橋廣字第10號

信　函

231
新北市新店區民權路108-4號8樓
奇光出版　　收

請沿虛線剪下